鳥取大学 CoRE ブックレットシリーズ No. 2

自然と神話と私たちをつなぐ地球の物語

~ジオストーリーでひもとく因幡と但馬の地形と地質~

菅森　義晃　編著

伝統の「社会貢献力と地域共創の心」で紡ぐ
新しい時代の地域へ

　地域の課題を、鳥取大学の教育と研究の力で、地域とともに解決していく—先人たちが積み上げてきたこの誇るべき伝統を礎に生まれた地域価値創造研究教育機構は、「どんな地域の課題も見逃さず、どんな困った人も置いていかない地域貢献の拠点」として、新しい時代へ向けた課題解決型研究とグローカル人材の育成・定着を行っています。

　当機構が支援する多様な教育・研究や事業の成果は、研究発表や学術論文など様々な形で公開されていますが、その成果を広く皆様の地域でも有効に活用していただけるよう、より身近で手軽なブックレットの形にしてお届けいたします。

　どこにでもありそうな地域の課題を、どこにもない特別な魅力として地域の宝に昇華させていく。鳥取大学の教職員が、そこに暮らす皆様と、関係機関と、地域一体となって協働連携して取り組んだ歩みを、皆様と共有できたら幸いです。

　今に生きる私たちの試行錯誤のひとつの解が、より良い地域を目指す皆様の羅針盤となり、少し先の未来の新しい価値創造へと繋がることを心より願っています。

　　2022年3月

　　　　　鳥取大学理事（地域連携担当）・副学長／
　　　　　地域価値創造研究教育機構（CoRE）機構長　藪田千登世

地球のダイナミックな活動を記録する山陰海岸ジオパーク

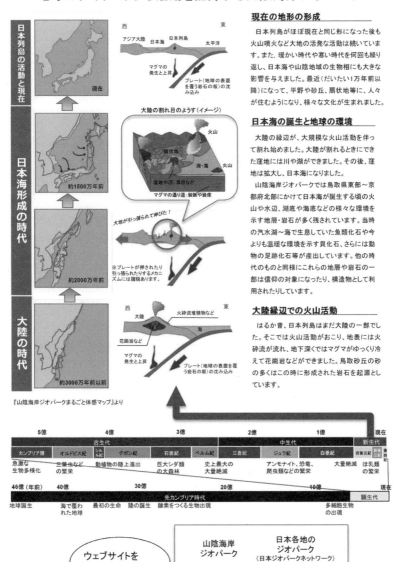

日本列島の活動と現在

日本海形成の時代

大陸の時代

約1500万年前

約2000万年前

約3000万年前以前

西　東

アジア大陸　日本海　日本列島　太平洋

現在

マグマの発生と上昇

プレート（地球の表面を覆う岩石の板）の沈み込み

大陸の割れ目のようす（イメージ）

火山

扇状地

湖・海　火山

窪地や湖、扇前など

マグマの通り道：岩脈や岩床

大地が引っ張られて伸びた！

※プレートが押されたり引っ張られたりするメカニズムには諸説あります。

西　東

大陸　海

火砕流堆積物など

花崗岩など

マグマの発生と上昇

プレート（地球の表面を覆う岩石の板）の沈み込み

『山陰海岸ジオパークまるごと体感マップ』より

現在の地形の形成

日本列島がほぼ現在と同じ形になった後も火山噴火など大地の活発な活動は続いています。また、暖かい時代や寒い時代を何回も繰り返し、日本海や山陰地域の生物相にも大きな影響を与えました。最近（だいたい1万年前以降）になって、平野や砂丘、扇状地等に、人々が住むようになり、様々な文化が生まれました。

日本海の誕生と地球の環境

大陸の縁辺が、大規模な火山活動を伴って割れ始めました。大陸が割れるときにできた窪地には川や湖ができました。その後、窪地は拡大し、日本海になりました。

山陰海岸ジオパークでは鳥取県東部〜京都府北部にかけて日本海が誕生する頃の火山や水辺、湖底や海底などの様々な環境を示す地層・岩石が多く残されています。当時の汽水湖〜海で生息していた魚類化石や今よりも温暖な環境を示す貝化石、さらには動物の足跡化石等が産出しています。他の時代のものと同様にこれらの地層や岩石の一部は信仰の対象になったり、構造物として利用されたりしています。

大陸縁辺での火山活動

はるか昔、日本列島はまだ大陸の一部でした。そこでは火山活動がおこり、地表には火砕流が流れ、地下深くではマグマがゆっくり冷えて花崗岩などができました。鳥取砂丘の砂の多くはこの時に形成された岩石を起源としています。

		5億		4億		3億		2億		1億		現在
		古生代						中生代				新生代
カンブリア紀	オルドビス紀	シルル紀	デボン紀	石炭紀	ペルム紀	三畳紀		ジュラ紀		白亜紀	古第三紀 新第三紀 第四紀	
急激な生物多様化	三葉虫などの繁栄		動植物の陸上進出	巨大シダ類の大森林	史上最大の大量絶滅	アンモナイト、恐竜、爬虫類などの繁栄				大量絶滅	ほ乳類の繁栄	

46億（年前）	40億		30億		20億			40億			現在
				先カンブリア時代							顕生代
地球誕生	海で覆われた地球	最初の生命	陸の誕生	酸素をつくる生物出現				多細胞生物の出現			

ウェブサイトをチェックしてみてね！

山陰海岸ジオパーク

日本各地のジオパーク（日本ジオパークネットワーク）

もくじ

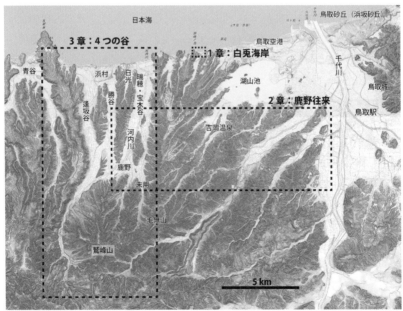

鳥取市西部の地図と本書で紹介する内容のおおよその場所. 基図は国土地理院地形図に陰影起伏図と傾斜量図を重ねたものを使用.

はじめに

　人々は昔から大地と対話し、大地とともに生きてきました。その結果が各地の人々の歴史であり、文化であり、暮らしなのです。それぞれの場所の地形や地質、気候等の自然条件によって、様々な暮らしが営まれています。

　このような「人」と「大地（地球）」のつながりに目を向けたのが「ジオパーク」というユネスコのプログラムです。ジオパークは、地域の文化・歴史と土地の成り立ちの関係性を明らかにし、ツーリズムや教育に役立てることで、地域を持続可能な形で活性化するとともに大地の遺産を守っていくという目的があります。

　山陰海岸ジオパークは、京都府（京丹後市）、兵庫県（豊岡市・香美町・新温泉町）、鳥取県（岩美町・鳥取市）にまたがる広大なエリアを有しています。同ジオパークを構成する地層・岩石は、3,300万年前以前の大陸の一部だった頃のもの、約2,500万年前にさかのぼる日本海形成に関わるもの、約800万年前〜現在にわたる火山活動によって形成されたもの等があります。また、リアス海岸や砂丘、河成段丘等の教科書にも登場するような多彩な地形を有してます。これらの地形は上述した地層・岩石を材料として形成され、その形成プロセスは、毎日〜毎年生じているような現象（潮汐や天候等）やもっと長い時間スケールの中で生じる現象（気候変動や海面変動等）、突発的に生じる現象（洪水や一部の地殻変動等）等と深く関連しています。これらのことは山陰海岸ジオパークが貴重な地形・地質遺産を数多く観察できる場所であることを物語るとともに、多彩な地形と地質からなる大地で、人々がどのように暮らしてきたのかという「人と地球の接点」を私たちに語りかけてくれています。

　この本では、山陰海岸ジオパークの西の端である、鳥取市の西部地域にスポットを当て、この地域の大地を生んだ地球の営みと、そこで生きてきた人々の営みとの「つながり」を紹介します。ここで紹介する物語「ジオストーリー」は、鳥取大学や山陰海岸ジオパーク海と大地の自然館の地形・地質学的な研究、そして地域の人々との交流の中で構築されたものです。

　私たちと「人と地球の接点」を見つける旅に出かけてみませんか？きっと地域の新しい魅力を発見できると思います。

（金山恭子）

1. 地球科学で読み解く白兎海岸
〜因幡の白兎伝説の舞台裏〜

（菅森義晃・小玉芳敬・金山恭子）

　「因幡の白兎」をご存知でしょうか。このお話は日本最古の歴史書といわれる古事記に出てくる神話のひとつです。このお話をつくった古代の人はこの「白兎」の地に何を見出したのでしょうか？この章では、白兎海岸の「大地」に目を向けることで、その謎に迫ります。（金山恭子）

※本章は 2020 年 3 月に発行したパンフレット「地球科学で読み解く白兎海岸
　〜因幡の白兎伝説の舞台裏〜」を再編集したものです。

神話『因幡の白兎』

　出雲の国（現在の島根県東部）にだいこくさま（大国主命）という神様が
いらっしゃいました。だいこくさまのおおぜいの兄弟たちは因幡の国（現在
の鳥取県東部）にやかみひめ（八上比売）という美しい姫がいるという噂を
聞き、みんなで会いに行こうと決められました。だいこくさまは兄弟達の家
来のように大きな袋を背負わされ、一番後からついていくことになりました。

> ▶ **神様も歩いた？海岸線：砂浜の地形を読み解く・・・18〜21ページ**

　兄弟たちにずいぶん遅れて、だいこくさまが因幡の
国の気多の岬を通りかかったとき、泣いている一匹の
うさぎを見つけました。だいこくさまはどうして泣い
ているのかわけを聞きました。

> ▶ **気多ノ前をつくる赤褐色の岩石・・・10〜11ページ**

　うさぎは言いました。
「私はおきの島に住んでいたのですが、一度この国に渡ってみたいと思っ
て泳がないでわたる方法を考えていました。するとそこにワニ（サメ）が
きたので、彼らを利用しようと考えました。
　私はワニに自分の仲間とどっちが多いかくらべっこ
しようと話をもちかけました。ワニたちは私の言うと
おりに背中を並べはじめて、私は数を数えるふりをし
ながら、向こうの岸まで渡っていきました。

> ▶ **淤岐ノ島の地層・・・12〜13ページ**

> ▶ **淤岐ノ島と「ワニの背」・・・14〜15ページ**

> ▶ **淤岐ノ島の運命・・・16〜17ページ**

　しかし、もう少しというところで、うまくだませたことが嬉しくなって、
つい、だましたことを言ってしまいワニを怒らせてしまいました。そのしか
えしに私はワニに皮を剥かれてしまったのです。

私が痛くて泣いていると、先ほどここを通られた神様たち（だいこくさまの兄たち）が、海に浸かって風で乾かすとよいとおっしゃいました。そのとおりにしたら、前よりも傷がひどくなってもっと痛くなったのです。」

だいこくさまはそれを聞いてそのうさぎに言いました。

「かわいそうに。すぐに河口に行き、真水で体を洗い、それから蒲の蒲黄をとってきて、敷き散らし、その上に寝転ぶといい。」

うさぎが教えられたとおりにすると、そのからだはすっかり元のとおりに戻りました。

不増不減の池の秘密：安山岩と砂丘が作る水収支・・・22～23ページ
ウサギが体を乾かした身干山砂丘の現在・・・24～25ページ

そのあと、やかみひめが求められたのは、心優しいだいこくさまでした。

参考：門田眞知子編『比較神話から読み解く　因幡の白兎神話の謎』2008年 今井出版、出雲大社ウェブサイト

図 1-1　神話の舞台・白兎海岸周辺の地形・地名.

（金山恭子）

1-1. 気多ノ前をつくる赤褐色の岩石：1,800 万年前の火山岩

　まずは白兎海岸へ出て左（西）へ歩いてみましょう。突き当りのごつごつとした岩壁は、気多ノ前の東側の壁です（写真 1-1）。この岩に注目してみましょう。全体的に赤褐色（赤茶色）で、節理と呼ばれる多くの割れ目が入っています（写真 1-1）。

　この岩石の種類を知るために近づいて岩の表面をよく見てみましょう。透明または白く濁った四角い粒が赤褐色の部分に散らばっているのを確認することができます（写真 1-2）。このように、岩石の中に角ばった粒が散在する（「斑状組織」といいます）のは、火山でマグマが噴出して固まったときにできる「火山岩」の特徴です。四角い粒は、マグマが噴火する前、地下のマグマだまりの中でゆっくりと成長した結晶で、「斑晶」といいます。赤褐色の部分は何もないように見えますが、噴火したマグマが急に冷えて固まるときにできる、顕微鏡でないと見えない小さな結晶がたくさんあり、この部分を「石基」といいます（コラム 1）。

　さて、火山岩があるということは、この近くに火山があったということですね。気多ノ前の火山岩は今から約 1,800 万年前にできたと推定されています。当時は、ユーラシア大陸から日本列島が分かれ、日本海が広がりつつあり、ユーラシア大陸東縁では大規模な火山活動があちらこちらで起こっていました。山陰地方にはこの時代にできた火山岩が多く存在し、日本列島誕生の物語の一端をうかがい知ることができます。

写真 1-1　気多ノ前の岩石.

写真 1-2　気多ノ前の火山岩の接写写真.

（金山恭子・菅森義晃）

【コラム1】 偏光顕微鏡でのぞく岩石の世界

　岩石を肉眼だけでなく顕微鏡で観察すると、その特徴や種類をより詳しく知ることができます。岩石をスライドガラスに貼り、約0.03 mm（髪の毛の太さの1/3）の厚さまで薄くしたものを薄片といいます。薄片を作るのは一苦労ですが、岩石の研究には欠かせない作業です。そして、それを「偏光顕微鏡」という特殊な顕微鏡を使って観察します。

　気多ノ前の火山岩を偏光顕微鏡で見てみましょう（裏表紙左の写真）。キラキラと輝く美しい景色が視野いっぱいに広がります。これは、顕微鏡に仕込まれている2枚の偏光板を通して見える色で、実際の岩石の色とは異なります。この色や形などによって、岩石の中の結晶の種類を鑑定することができます。

　肉眼で見たときとても目立っていた長方形の結晶（斑晶）は、偏光顕微鏡で見ると白～灰色で縞々の模様を持っていることから、斜長石という鉱物だということが分かります。その他、薄い黄色～オレンジ色の輝石（肉眼で見る実際の色は茶～濃緑です）という鉱物も斑晶として含まれていることが分かります。

　また、斑晶の周りの石基の部分には、小さな短冊状の斜長石や黒色の鉱物がたくさんあります。斑状組織であり、斜長石と輝石の斑晶が含まれていることから、この岩石は火山岩のうち、安山岩だと判断することができます。

（金山恭子）

【コラム2】 不整合

　気多ノ前の西側には写真1-3のような露頭を見ることができます。この露頭の下部は風化して軟らかくなった赤褐色の安山岩からなり、冷えながら流れたためなのか、安山岩自身がばらばらになった産状を示します。この安山岩は気多ノ前で紹介した安山岩と同時期（約1,800万年前）に形成されたものです。この安山岩の上には人の頭くらいの大きさの、角がとれた丸い石ころ（礫）がたくさんあります。後でも述べるように礫がたくさん集まってできた岩石を礫岩と呼んでいます。この礫岩が形成された年代は、はっきりとはわかっていませんが、800万年前～100万年前の間と推定されています。したがって、安山岩と礫岩が形成された年代にはおよそ1,000万年以上の差があることになります。さらに、他地域での研究から、本来この2つの地層の間にあったはずの地層が侵食を受けて失われていると推定されます。このことは礫岩が形成されるまでの間に何らかの地殻変動があったことを物語っています。

　重なる2つの地層にこのような時間や地層の間隙がある場合、この2つの地層の関係を不整合と呼んでいます。不整合の認定はかつて生じた地球の変動を認識する上で重要なのです。

（菅森義晃）

写真1-3　気多ノ前の不整合露頭.

1-2. 淤岐ノ島の地層：地球の歴史を紐解く

　気多ノ前からは、白兎海岸を象徴する島である淤岐ノ島を見下ろすことができます。ここでは、淤岐ノ島を構成する地層を見ていきましょう。

　この島の地層は、下から、ごつごつした見た目の礫岩、火山灰混じりの砂と泥の白い地層、礫岩の順に積み重なってできています（図1-2）。礫岩は礫（直径2 mm以上の石ころ）を多く含む岩石です。礫岩中の礫の多くは丸みがあることが遠くからでも観察できます。礫が水の流れによって運ばれるときには他の礫と衝突することでその角がだんだんとれていき、丸みを帯びるようになります。これらの地層は洪水時にたくさんの土砂が運搬され、堆積してできました。白い地層に注目すると、西（左）の方ほど、きれいな縞模様ではなく、まだら状になって礫岩に取り込まれています。これは礫岩の地層を作った、たくさんの礫を運んだ水の流れが、すでに堆積していた火山灰混じりの砂と泥の白い地層を大きく削り、それらの塊を取り込んで堆積したことを示しています。このことは、一度地層ができても容易に削られてなくなってしまうことを、私たちに教えてくれています。現在私たちが観察できる地層は、運よく残されたとても貴重なものなのです。

　さらに、これらの地層は断層によって、ずれを生じさせられています。これは地層が形成された後に大きな力を受けたことを示しています。

　以上述べたように地層には形成されてから現在までの地球の変動の一

図1-2　気多ノ前（南）から見た淤岐ノ島の地層.

部が記録されています。様々な知識を用いて、様々な時期にできた、たくさんの地層と"対話"を重ねれば、地球の歴史を紐解くことができます（コラム3）。　　　　　　　　　　　　　　　　　　（菅森義晃）

【コラム3】三角州で堆積した淤岐ノ島の礫岩層

　淤岐ノ島の地層は、日本海形成に伴って約1,800万年前にできました。どのような場所で堆積したのでしょうか。普段はなかなか見ることができない、淤岐ノ島の北側の崖がそれを教えてくれます。

　北から見た淤岐ノ島の礫岩は、西に向かって斜めに傾いた礫岩層の上に水平の縞模様が見える礫岩層からできています（図1-3）。前者を前置層、後者を頂置層と呼びます。前置層は河口から運ばれた土砂が静水中（湖や海）の斜面で堆積した地層で、洪水が起こると上流から次々と土砂がやってきて河口の斜面で砂礫が前へ前へと堆積することで形成されます。一方、頂置層は河口に流入する河川の流路で堆積したものとみられます。このような地層の組み合わせはこれらの礫岩が三角州（デルタ）で堆積したことを物語っています。図1-4は三角州の形成実験をした時のものです。前置層の傾斜が少し違っていますが、淤岐ノ島の礫岩層と似ていますね。淤岐ノ島の前置層は西に傾いているので、これらの堆積物は東から西の方向へ流れてきたと考えられます。　　（菅森義晃）

図1-3　北から見た淤岐ノ島の礫岩層.

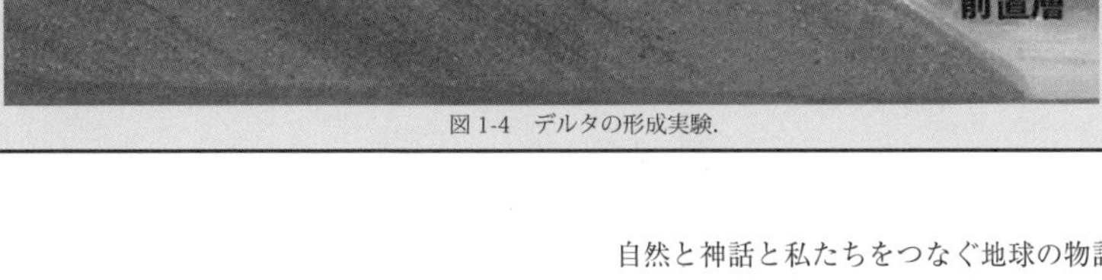

図1-4　デルタの形成実験.

1-3.「ワニの背」誕生の秘密：波食棚のでき方

　次は淤岐ノ島の地層ではなく周辺の地形を見てみましょう。淤岐ノ島の周囲や気多ノ前との間には、火山灰を含む礫岩でできた岩礁が続きます（図1-5）。淤岐ノ島を取り囲んで海水面のあたりに平坦な岩礁があります。このような地形は波食棚と呼ばれています。この地形の形成プロセスは以下のように考えられます。

　堆積岩は多くの場合、粘土を含んでいます。粘土は主に粘土鉱物からできていて、乾燥すると体積が収縮し、湿ると体積が膨張する性質があります。粘土鉱物を含む岩石が乾燥と湿潤を繰り返すと、粘土鉱物の収縮・膨張により、岩石の強度が次第に低下しやがてボロボロになります。これが「乾湿風化作用」です。海水面付近は、潮の干満により、干上がったり水没したりを繰り返すため、乾湿風化が生じやすい環境です。さらにボロボロになった岩くずは、波により運搬されてその場から除去されてしまいます。一方、海面下にある岩石はいつも湿っているため、乾湿風化作用が生じません。そのため、海面上の岩石よりも強度が高く、波食棚として残ります。

　さて、波食棚が広い面積を持つ（写真1-4および1-5）と、千畳敷と表現され、観光地になっているところもあります。しかし、淤岐ノ島の波食棚は狭く（写真1-6）、しかも気多ノ前に向かって断続的になっています（図1-5）。このような景観は何匹ものサメ（ワニ）の背びれが水面から顔を出している様に例えられ、「ワニの背」と呼ばれています。波食棚の広さの違いは波食棚周辺の地質（岩石）に原因があります。

図1-5　淤岐ノ島周辺の波食棚.

広い波食棚をつくる岩石は、多くの場合、凝灰岩や泥岩等であることが知られています。一方、淤岐ノ島は主に礫岩でできています。これらの礫が乾湿風化によってはがれ落ち、波で運ばれるときには、研磨剤（けんまざい）として作用し、波食棚を適度に侵食・破壊することが予想されます。

写真 1-4　宮崎県日南海岸の広い波食棚.

そのために波食棚が不連続となり、「ワニの背」の伝説へとつながったのでしょう。このように地質・地形と伝説・文化とには、密接な関係が存在することがあります。

（小玉芳敬・菅森義晃）

写真 1-5　猫崎半島（兵庫県豊岡市）の広い波食棚.

写真 1-6　淤岐ノ島東側の狭い波食棚.

1-4. 淤岐ノ島の運命：タフォニとノッチ

　淤岐ノ島を南から見てみると、淤岐ノ島には複雑な形状のくぼみが見られます。このくぼみは「タフォニ」と呼ばれる「塩類風化作用」によってできた地形です（図 1-6）。塩類風化作用は次のようなプロセスで形成されると考えられています。まず、海水のしぶきが岩石に浸みます。そして、水分が蒸発して岩石表面およびその内部で塩の結晶が生成されます。この結晶が成長するとき、その周りの岩石を押し、岩石の強度を下げていきます。このようなプロセスが進むと、岩石がボロボロになります。ボロボロになって小さくなった岩石の破片は重力に抗えず崩落し、風で運ばれてしまいます。このようにして、くぼみを大きくしていった結果、タフォニが形成されると考えられています。

　次に淤岐ノ島を東から見てみましょう。タフォニも見えますが、島の真ん中から下の部分には幅の広いくぼみがあり、まるで軒のようになっています（図 1-7）。しかもくぼみの上限が海水面にほぼ平行かつ直線状になっている点でタフォニとは違ったもののようです。これは「ノッチ（波食窪）」と呼ばれる波食地形です。

　ノッチはどのようにして形成されるのでしょうか。海面に近い場で形成されることから容易に塩類風化が生じることが予想されます。また、

図 1-6　気多ノ前（南）から見た淤岐ノ島のタフォニ.

16

乾湿風化作用（14ページ）も生じ、岩石の強度が下がります。強度が下がった岩石は波による侵食を受けやすく、崩れた岩くずは波によって運搬・除去されます。つまり波が直接当たる部分がどんどんくぼんでいくことになります。この結果できた地形がノッチです。

　このようなプロセスが進んでいくと淤岐ノ島はどうなっていくでしょうか？ノッチの上の岩盤はやがて重力に負けて崩落するでしょう。崩落した岩屑は波で運び去られます。そして、またノッチができ、同じような崩落が起きます。こうして海面より上の岩石が侵食された結果、先ほど紹介した波食棚が形成されます。それと同時に崖自体がどんどん後退していき、やがて、淤岐ノ島はなくなり岩礁になってしまうことが予想されます。

　では、島を構成していた岩石はどこに行くのでしょうか。その多くは礫や砂、粘土となり海底に運搬され、堆積し、地層になります。12～13ページで紹介したように、地層になったとしてもすぐに削られることもあります。運よく地層として残ったものは、その地層が隆起すると再び風化・侵食を受けて削られていきます。このような「堆積→隆起→風化→侵食→運搬→堆積→隆起……」の循環は「岩石輪廻（岩石サイクル）」と呼ばれ、地球における重要な物質循環であるとともに、地球が途方もなく長い時間をかけて形成されてきたことを私たちに教えてくれます。私たちはこの岩石輪廻の中の“一瞬”を生きているということになります。

図1-7　白兎海岸から見た淤岐ノ島のタフォニとノッチ.

（菅森義晃・小玉芳敬）

1-5. 神様も歩いた？海岸線：砂浜の地形を読み解く

　次に白兎海岸の砂浜を見てみましょう。もし、この砂浜の砂が全て気多ノ前や淤岐ノ島の岩石からもたらされたのであれば、それらの岩石と同様の濃い色をしているはずです。しかし、ここの砂浜はやや白っぽい色をしています。つまり、白兎海岸の砂の大部分は気多ノ前や淤岐ノ島以外の場所からもたらされたと考えられます。白兎海岸の砂の大部分は千代川からもたらされていることがわかっています（コラム4）。ここからは砂浜でどのようなことが生じているのかをみてみましょう。

　真夏のように波の穏やかな期間が長く続くと、砂浜には、「バーム（汀段）」と呼ばれる微地形ができます（図1-8）。バームは、波によって打ち上げられた砂が堆積してできた高まりです。バームを超えた波は陸側に緩く傾いた斜面を流れ、多くは砂に浸透しますが、一部は水たまりとして残ることもあります（図1-8）。夏場には、波打ち際に新たなバームが作られることで、複数のバームが連なることがあります。バームでは、リズミカルに円弧を描く「ビーチ・カスプ」と呼ばれる美しい景観（写真1-7）にも出会える時があるので、みなさんも観察してみてください。

　バームの内陸側には、海側に傾斜した後浜が続き、更に内陸側には砂丘が観察される場合があります（図1-8）。砂丘は細かい砂が砂浜から風で飛ばされてできた「風成地形」です。白兎海岸でも冬の季節風が強い時には、砂丘の上を通る国道にたくさんの砂がたまっている様子をよく目にします。

　次に嵐の時の砂浜を考えましょう。山陰地方の冬は、北西の季節風が

図1-8　砂浜の地形（バーム、後浜、砂丘）.

【コラム4】千代川から流出した砂の行方

　千代川河口から東は駟馳山、西は気多ノ前まで続く一連の砂浜は、全長16kmにおよびます。千代川から流出する白っぽい砂の多くは沿岸漂砂として東向きに運ばれ、一部は西側の白兎海岸にも運ばれます。もたらされる砂の量が少ないためか、西側の白兎海岸には、砂浜のところどころに岩盤が顔を出しています。

　砂の大きさはこのような砂の動き方を知る手がかりになる上に、測定も容易なので、この砂浜の粒径分布を調べてみました。図1-9の横軸は現在の千代川河口からの東向きの距離です。縦軸は砂粒の平均的な大きさ（粒径）を2種類の目盛りで記しています。左右の縦軸は単位が異なるだけで、同じです。ここでは右側の軸（mm）をみて話を進めていきます。図1-9には3種類の点がプロットされています。鳥取砂丘海岸の粒径は丸（○）で、賀露－白兎海岸の粒径はひし形（◆）と四角形（□）で示されています。◆の点は黒っぽい砂の粒径を、□の点は白っぽい砂の粒径を示しています。黒っぽい砂は海岸部に露出する岩盤や破砕した消波ブロックから供給された黒い岩片が多く混じっていて、人為的な影響を受けている可能性があります。□や○で示された白っぽい砂の粒径は千代川河口から東西へ2～3kmほど離れた地点で0.5mm程と粗くなり、東西端に向けて細粒化します。ちょうど眉の形に似た分布（眉型分布）です。東側では天然記念物鳥取砂丘の西端あたりが、西側では鳥取空港の誘導灯が海に突き出したあたりが、最も粗くなっています。

　なぜ、河口から離れた地点で粗くなるのかは、千代川の河道の深さ（水深4～5m）に原因が求められます。千代川の河道は、沖まで続いており、河口から400m程沖合で、はじめて河道の底とその周囲の海底面の深さが同じになります。河道の底を流れてきた粗い砂はここから海岸線に沿って移動した後に、砂浜にたどり着くものと解釈されます。　　　　　　　　　　　　　（小玉芳敬）

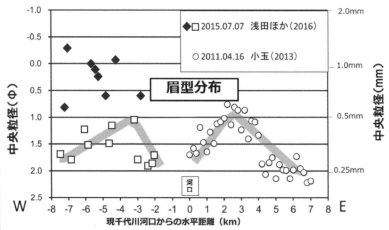

図1-9　鳥取砂丘海岸と賀露・白兎海岸のバームクレスト堆積物の粒径分布. 白兎海岸のデータは浅田ほか（2016、地域調査実習（地域環境）報告書、鳥取大学地域学部地域環境学科、vol. 16、41-48）を使用.

写真 1-7　ビーチ・カスプの景観の例（鳥取市福部海岸）.

強まり大時化（おおしけ）になることがあります（写真 1-8）。この時、砂浜の奥（後浜）まで波が遡上（そじょう）し、砂浜が侵食されて、バームなどの地形はなくなります。侵食された砂はどこに行ってしまうのでしょうか？

　嵐の時（暴浪時（ぼうろうじ））、鳥取砂丘海岸～白兎海岸では白波の帯が観察されます（写真 1-9）。この白波の帯は砕波帯（さいは）と呼ばれます。沖から来た波は水深が急に浅くなると砕けます。砕波帯の存在は、その直下に砂の高まりがあることを示唆します（図 1-10）。これらの高まりが「沿岸砂州（えんがんさす）（オフショア・バー）」と呼ばれる地形です。水深 10 m（沖合 800 m 程）までの浅い海底には、通常 3 ～ 4 段の沿岸砂州が形成され、沖合 200 m より沖側では対称形の大規模なもの 2 列が、陸側では陸向き急斜面を持つ非対称形（たいしょうけい）の小規模なものが形成されています（図 1-10）。前者はアウター・バー、後者はインナー・バーと呼ばれ、それぞれ季節～経年単

写真 1-8　大時化の白兎海岸.

写真 1-9　鳥取砂丘の海岸の砕波帯の列.

位および週単位で形を変えていきます。

　暴浪時に砂浜が侵食され、持ち出された砂はインナー・バーに留まることが知られています。そして、静穏な時期が長く続くと、インナー・バーは、陸に向けてゆっくりと移動し、やがて砂浜に乗り上げ、バームとなります。

　このように暴浪時と静穏時とで、砂浜やインナー・バーが周期的に形を変えることで、砂丘海岸全体の砂量のバランスを取っています。このことは「ビーチ・サイクル」と呼ばれており、健全な砂浜が持つ波に対する自己調整機能と言えます。そのため、嵐で砂浜が侵食されても慌てる必要はなく、人間が手を入れなくとも、自然の営みで、砂浜はやがて回復します。

静穏時

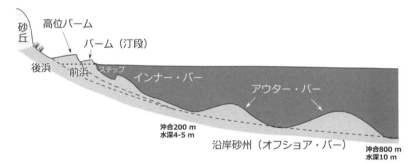

暴浪時

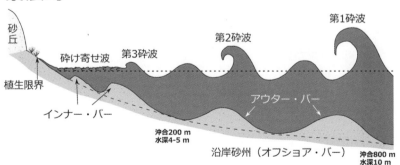

図 1-10　砂浜の模式縦断面　上：静穏時、下：暴浪時.

（小玉芳敬）

1-6. 不増不減の池の秘密：安山岩と砂丘が作る水収支

　白兎神社の境内には、最大水深約 75 cm の御身洗池（みたらし）（写真 1-10）が
あり、皮を剥かれたウサギが身体を洗った池とも言われています。この
池は雨が降っても日照りが続いても池の水位がほとんど変化しないた
め、「不増不減の池」とも呼ばれ、池自身の神秘性を高めています。

　池の岸の形を注意深く観ると、池の西側は崖（がけ）のような平滑（へいかつ）な岸、東側
はノッチのようにえぐれた凹型（おうがた）の岸になっていることに気づきます（図
1-11）。前者の構成物は粘土で、後者のそれは細かい砂でできています。

　図 1-12 は不増不減の池の地下がどのようになっているかを示したも
のです。この池の下には火山岩（安山岩）があります。この安山岩は気
多ノ前をつくる安山岩と同じものです（10 〜 11 ページ）。安山岩は風
化すると粘土になり、西側の岸を構成していた粘土は安山岩が風化して
できたものと考えられます。粘土は水を通しにくい性質があるので、池
は風化した安山岩が器になることで、水が貯まるものと考えられます。
一方、池の東側には砂丘が乗り上げていて、神社の御社は砂丘の上に建っ
ています。砂丘の砂は隙間（すきま）が多く、容易に水を通すことができます。そ
のため、雨で沢から池に水が流入しても、水を通しやすい砂丘から過剰
な水が出て行くために、池の水位がある程度一定に保たれていると考え
られています。

写真 1-10　不増不減の池.

図 1-11 「不増不減の池」の岸の形状の違い.

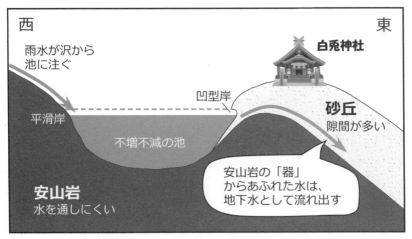

図 1-12 「不増不減の池」の水位が一定に保たれる理由を示す東西地形地質模式断面.

（小玉芳敬）

1-7. ウサギが体を乾かした身干山砂丘の現在

　御身洗池で海水を流し、蒲の蒲黄（花粉）にくるまれたウサギは、身干山で傷が癒えるのを待ちました。この身干山を現在見ることはできません。それでは身干山はどこにあったのでしょうか？実は白兎神社のすぐ南側には、高さ30m以上の砂丘がかつて存在しました（図1-13）。これが身干山（砂丘）です。この砂丘も風によって砂浜の砂が運ばれて形成されたものです。身干山砂丘は1973年10月〜1977年10月に行われた採砂のために姿を消してしまい、現在では住宅地になっています。周辺を散策すると、この辺りが砂でできた土地であることを確認でき、往時の砂丘の姿を忍ばせます。

　また、身干山砂丘の中からは江戸時代や古墳時代の遺物が発見されています（遺物の一部は身干山砂丘跡地の近くで見ることができます。写真1-11）。このことは砂丘の形成が様々な時代に生じ、移動・成長していったことを物語っています。ウサギが身を干した砂丘は昭和の時代の砂丘よりも様相が少し違っていたのかもしれませんね。

　さて、この砂丘の南側には田んぼが広がっています（図1-13）。砂丘の後背（海と反対方向）にはよく湿地帯が広がります。砂丘があると、砂丘の後背では洪水時に排水が悪くなるため、泥が堆積しやすくなります。泥は粘土を多く含むため、水を通しにくい性質があります。そのため、この場所は湿地帯（後背湿地）が広がり、稲作に適した土地になります。

図1-13　身干山砂丘跡地と後背湿地の田んぼの風景.

24

写真 1-11　身干山砂丘から出土した
宝篋印塔・五輪塔群.

（菅森義晃）

【コラム 5】　ハートを探せ！

　白兎神社の鳥居に「ハートマーク」があるのに気づきましたか（写真1-12）？さすがは縁結びの神社ですよね。さて問題です。このハートマークは誰が描いたのでしょうか？……答えは「地球」です。

　この鳥居は、白地に黒のごま塩模様の花崗岩という岩石から作られています（鳥居の花崗岩の産地は不明です）。ハートはその花崗岩と比べて黒っぽい色をしていて、岩石名でいうと斑れい岩です。よく見ると、この花崗岩の鳥居には、ハートの他にもいろいろな形の斑れい岩が点在していることが分かります。

　花崗岩は、地下でマグマがゆっくりと冷えて固まってできる岩石です。マグマは地下の割れ目の中を上昇して噴火したり、あるいは割れ目の中に停滞したりします。その際、マグマの力で周りの岩が壊れてそのかけらがマグマの中に取り込まれることがあります。このようにマグマに捕獲された岩石のことを「捕獲岩」といいます（図1-14）。鳥居に点在するハートやいろいろな形の斑れい岩はすべて捕獲岩です。

　地球によってハート入りの花崗岩がつくられ、それが縁結びの神社の鳥居になっていることに岩石の研究者としては「縁」を感じずにはいられません。

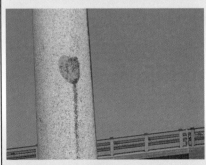

写真 1-12　鳥居に見られるハート型の捕獲岩.

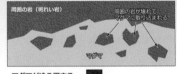

図 1-14　捕獲岩のでき方の例.

（金山恭子）

自然と神話と私たちをつなぐ地球の物語　25

1-8. まとめ

　白兎海岸の地形や地質のお話、いかがでしたでしょうか。私たちが見ている大地（地形・地質）は、「因幡の白兎」のお話が生まれた古代の人々も見ていたはずです。古代の人々は、目の前に広がる白兎海岸の景色から、だいこくさまの旅路やウサギとワニ（サメ）の物語を想像し、神話「因幡の白兎」を語り伝えていったのでしょう。ここでは、これまでのまとめとして、因幡の白兎を地球科学的視点で振り返ることにしましょう。

●神様も歩いた？海岸線：砂浜の地形を読み解く（18 ～ 21 ページ）
　だいこくさまが大きな袋を背負って歩いた道はどんな道だったのでしょうか。当時は国道 9 号線のような舗装道路はありません。蒲が花をつけるのは 6 月 ～ 8 月なので、だいこくさま達は海が穏やかな時期の砂浜を歩いたのかもしれません。

●気多ノ前をつくる赤褐色の岩石：1,800 万年前の火山岩（10 ～ 11 ページ）
　だいこくさまが泣いているウサギと出会った気多ノ前。ウサギの皮膚は気多ノ前の安山岩のように赤かったのでしょうか。同種の安山岩は不増不減の池の器としての役割を果たしており、当時の火山活動がなければ、不増不減の池は存在しなかったかもしれません。

●淤岐ノ島の地層：地球の歴史を紐解く（12 ～ 13 ページ）・於岐ノ島の運命：タフォニとノッチ（16 ～ 17 ページ）
　ウサギが住んでいたというおきの島。淤岐ノ島の地層は、およそ 1,800 万年前の日本海誕生の時代に、土砂がたまってできました。そして淤岐ノ島は気の遠くなるような時間をかけて侵食され、やがてなくなってしまうでしょう。

●「ワニの背」誕生の秘密：波食棚のでき方（14 ～ 15 ページ）
　淤岐ノ島周辺の地層が礫岩だったおかげで、何匹ものワニ（サメ）が並んでいるような不連続な波食棚ができました。この「ワニの背」をウサギはぴょんぴょんと渡ったのですね。

●不増不減の池の秘密：安山岩と砂丘が作る水収支（22 〜 23 ページ）
　皮を剥かれたウサギが体を洗ったと言われる不増不減の池。水を通す性質が異なる安山岩の岩山と砂丘が接する場所、つまり砂丘のキワ（端っこ）にあるおかげで池の水位が一定に保たれているのです。

●ウサギが体を乾かした身干山砂丘の現在（24 〜 25 ページ）
　今ではすっかり無くなってしまった身干山砂丘。私たちは砂丘の痕跡を辿ることで、往時の砂丘の姿を忍ぶことができます。また、砂丘の存在は私たちの土地利用にも影響を与えています。

　古代の人は目の前に広がる大地を眺めてどんなことを考えていたのでしょうか。想像を巡らせるのは楽しいことです。その場所の地形や地質を知ることによって、その想像が奥行を増し、よりクリアになることでしょう。まずは、本章をきっかけとして、地形や地質（土地の成り立ち）に目を向けていただけると幸いです。
　人々は昔から大地と対話し、大地とともに生きてきました。その結果が各地の神話や伝承であり、文化であり、特産物なのです。それぞれの場所の地形や地質、気候などの自然条件によって、様々な暮らしが営まれています。
　それでは、大地を通して「私たちと地球の接点」を見つける次の旅に出かけてみましょう！

（金山恭子）

2. 地球科学で読み解く鹿野往来
～街道の発達と大地の動き～

（菅森義晃・末松　歩・竹田怜那）

　今も昔も町から町へと移動・輸送するには道を通る必要があります。自動車や鉄道が発達する前は陸路での物資の輸送は牛馬が大変重要な役割を果たしていました。

　鳥取市西部の鹿野町鹿野は城下町の町並みの雰囲気を残しており、物資の輸送のために働いた牛をつないでおく「牛つなぎ石」（上の写真）等のかつての街道のにぎわいを思わせる構造物を今なお残しています。

　鳥取の城下町から鹿野を経由して青谷までの伯耆往来をつなぐルートは鹿野往来と呼ばれています。この鹿野往来の発達は大地の動きと密接な関係があります。本章ではこの関係に迫ってみましょう。（菅森義晃）

※本章は末松歩氏の鳥取大学地域学部地域環境学科卒業論文の内容の一部に基づいて作成したものです。末松氏の卒業研究の実施にあたり、2015年度の山陰海岸ジオパーク学術奨励事業および鳥取大学尚徳会奨学金を使用しました。これらの機関に感謝申し上げます。

2-1. 鹿野往来と吉岡断層：街道と（活）断層の関係

　鹿野の城下町へ鳥取の市街地から行くには、現在では湖山池の南縁の道路や鳥取西道路を通ることが多いですが、古代・中世の時代にはさらに南側の野坂や吉岡温泉等の山の中を通る道が使われていました（図2-1）。この道はかつての鹿野往来に当たります。

　この鹿野往来に沿って、通行の安全を祈願した立見峠の道標（「どうひょう」や「みちしるべ」と読む）地蔵や野坂の道標地蔵、三山口集落付近にある地蔵2体が安置されています（図2-1）。このような道標地蔵があることから鹿野往来が人々に利用されていたことを今でも知ることができます。

　さて、立見峠から吉岡温泉へと至る鹿野往来は北東－南西方向に連なる山々を"ぶった切って"ほぼ東西のまっすぐなルートになっています（図2-1）。なぜこのようなルートがとられているのでしょうか？

　このあたりの地形をよくみてみると、北東－南西方向に延びる尾根の途中に標高が低くなっている部分がいくつか見られます（図2-2）。このような部分は馬の背に置く鞍に似た形状を持つことから鞍部（図2-2および写真2-1）と呼ばれています。この鞍部は直線状かつほぼ東西方向にまっすぐ並んでいるのがわかります。

　このような鞍部が直線状に並んでいるということは何らかの「力」が加わってこのような地形ができたと考えられます。この直線状の地形は、

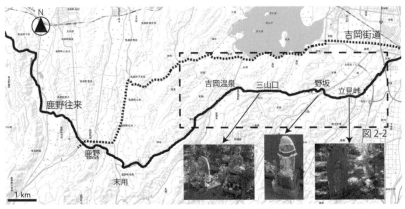

図2-1　鹿野往来の位置と道標地蔵の一部．基図は国土地理院地形図（2015年）を使用．

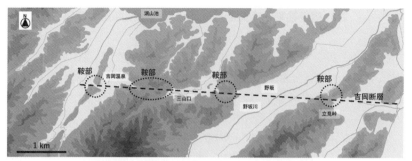

図 2-2　直線状に並んだ鞍部と吉岡断層の位置. 地図の範囲は図 2-1 に明示.

活断層である吉岡断層にあたり、吉岡断層の形成と深い関係があります。

　活断層のある場所は岩石や地層が破壊されているため、割れ目が多く、その割れ目を地下水が通って、湧水が形成されやすくなります。このような状況になると、この場所は周囲の岩盤より侵食されやすくなることが知られています。そのため、鞍部が断層に沿って直線状に並んでいる地形を作りやすくなります。その結果、起伏が周囲より小さく、比較的平坦な地形が断層に沿って直線状に現れます。そのため、このような断層が作る地形は主要な街道となる場合が多くなるのです。

　鹿野往来にはもう一ヶ所、鹿野断層という活断層と重なる部分があります。ここにも、峠地蔵（写真 2-2）や石畳道などの人々の往来を思わせるものがあり、その付近には次に紹介する末広神社が建てられています。

写真 2-1　吉岡断層沿いの鞍部.

写真 2-2　峠地蔵.

2-2. 鳥居と地震：鳥取地震による揺れの被害

　神社の入り口には一般的に鳥居があります。鳥居は柱、笠木、貫、亀腹等の部位で構成されています（図 2-3）。

　さて、鹿野町末用の末広神社には 1961 年に建立された鳥居があります（図 2-3）。この鳥居の周辺や境内にはいくつかの石材が転がっているのを確認できます。転がっている石材をよく観察すると、鳥居を構成する石材と同じ形の物（笠木や柱の一部）があります。鳥居の石材が地面に転がっていることは、現在の鳥居が建てられた 1961 年以前にも鳥居があり、何らかの要因で鳥居が損壊したことを示しています。

　この損壊の要因は 1943 年に起こった鳥取地震によるものとされています。鳥取地震は 1943 年 9 月 10 日 17 時 37 分に生じ、北緯 35.53 度、東経 134.08 度（鳥取市西今在家周辺）を震央とし、マグニチュードは 7.2、震源の深さはごく浅く、鳥取市では震度 6 を記録したとされています。

　では、何が鳥取地震を引き起こしたのでしょうか。そのヒントとなるものを末広神社の近くで見ることができます。

図 2-3　末広神社の損壊した鳥居の一部と末広神社、水路、石畳道および峠地蔵の位置. 基図（右上）は国土地理院地形図を使用.

2-3. 鳥取地震による水路のずれ：地下で働く力の向き

　末用の集落の中に図 2-4 のような水路があります。よく見てみると水路はまっすぐになっておらず、北側の水路が東に向かって少しずれ落ちています（図 2-4）。このずれは鳥取地震の際に生じたことが知られており、山陰海岸ジオパークの見所の一つとなっています。

　この場所の下には鹿野断層と呼ばれる活断層があり、元々まっすぐだった水路に生じたずれは鹿野断層が地表に現れてできました。つまり、鹿野断層がずれ動いたことによって鳥取地震が起こったことを物語っています。さらに水路のずれの方向から鹿野断層が右横ずれ断層であることを知ることができます。現在は痕跡が見当たりませんが、先ほど紹介した吉岡断層もこの時、右横ずれ断層として動きました。

　さて、これらの右横ずれ断層は鳥取市周辺の地下に働いている力の方向を知る手がかりになります。まずは、岩石を用いた実験を以下で紹介します（図 2-5）。

　円柱状の岩石を用意し、機械を用いて強い力で一対の底面を圧縮していくと、ずれを伴う割れ目つまり断層が生じます。断層は強い力が働い

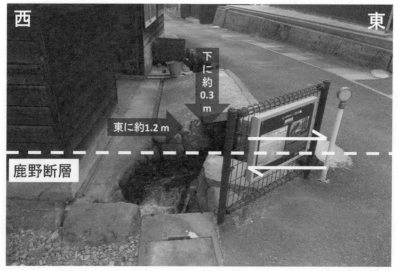

図 2-4　鹿野断層と水路のずれ.

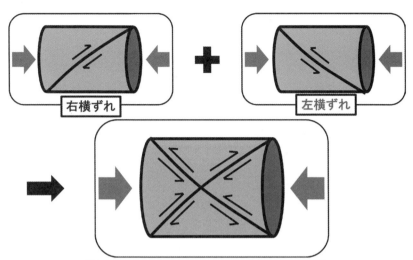

図 2-5　円柱状の岩石を左右から圧縮したときに生じる共役断層.

ている向きとは斜交してできます。図 2-5 の円柱状岩石の右上から左下
の方向に断層が生じた時、この断層は右横ずれ断層として、左上から右
下の方向に断層が生じた時は左横ずれ断層になります。また、同図下の
ように 2 つの方向の断層が生じることもあります。同じ力の向きで生
じたこれら 2 つの断層の組み合わせを共役断層と読んでいます。野外
等でこの共役断層の存在を認定できれば、共役断層を生み出した力の向
きがわかることになります。

　これをより広い範囲で、中国地方東部〜中部地方(以下、近畿地方周辺)
に当てはめて考えてみます(図 2-6)。近畿地方周辺では鹿野断層のよう
な東北東−西南西方向の断層は右横ずれ、同じく山陰海岸ジオパークの
京丹後市にある郷村断層(コラム 6)のような北北西−南南東方向の断層
は左横ずれになっています。これらを共役断層とみなせば、東西方向か
ら北西−南東方向の圧縮を近畿地方周辺が受けているとみなせます。も
ちろん同様の現象は中国地方の広い範囲でも見られます。なぜこれらの
地域が東西方向から北西−南東方向に圧縮を受けているのでしょうか?
これはプレートテクトニクスという考え方で説明することができます。

　プレートテクトニクスとは、地球の表面を覆う十数枚のプレート(堅
い岩盤)の動きによって地震や火山噴火などが起きるという考え方です。

地球を覆うそれぞれのプレートは常に移動しています。日本列島周辺には太平洋プレート、北アメリカプレート、フィリピン海プレート、ユーラシアプレートの4枚のプレートが存在しています（図2-7）。鳥取周辺は、ユーラシアプレートの上に位置しています。ユーラシアプレートはフィリピン海プレートによって沈み込まれ、南東方向から力を受けています。また、太平洋プレートの沈み込みの影響もあり、北アメリカプレートと共に東から押されています。そのため、近畿地方や中国地方等

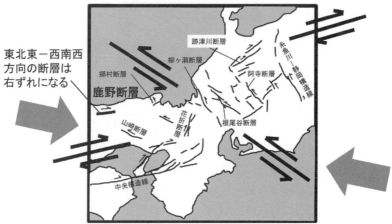

図2-6　中国地方東部〜中部地方の代表的な活断層とその横ずれ方向．共役断層の関係から地下に働く力の向きを推定することができます．

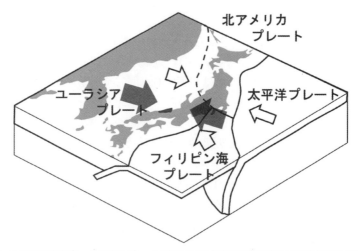

図2-7　日本列島周辺のプレートの配置、プレートの運動方向および西日本が受けているおおよその力の向き．

の西日本は東西方向から北西－南東方向の圧縮を受けていると考えられています。

　以上のように、山陰海岸ジオパークにある鹿野断層と郷村断層は西日本の近畿地方〜中国地方の地下に働いている強い力の向きを反映していることになります。これらの場所は遥か彼方にあるフィリピン海プレートや太平洋プレートの動きを、断層を通じて感じることができるサイトとも言えます。

（菅森義晃・末松　歩・竹田怜那）

【コラム6】　郷村断層

　郷村断層は京都府の京丹後市にある北北西－南南東方向の断層です（図2-8）。この断層は1927年3月7日、18時27分に動いて、北丹後地震を引き起こしました。この時、断層の西側が最大で約100 cm隆起し、最大で270 cmの左横ずれを生じさせました。この地震のマグニチュードは7.3で、兵庫県や京都府北部で震度6を記録し、家屋の倒壊や火災も生じた災害となりました（本文で述べた鳥取地震でも同様の被害が生じています）。北丹後地震では、はじめて科学的な地震と断層の調査が行われ、「活断層」という用語が日本で最初に用いられました。

　北丹後地震が発生した時、郷村断層だけでなく、郷村断層の南にある西南西－東北東方向の山田断層も動いたことが知られており、北側が70 cm隆起し、80 cmの右横ずれが生じました。これら2つの断層は共役断層であり、地下での力の向きは本文で紹介したことと調和的です。

　これらの断層が動いた痕跡や災害遺構は現在や未来に災害の記憶を伝える語り部であるとともに地球の営みを我々に教えてくれる存在であると言えます。

図2-8　郷村断層が左横ずれ断層であることを示す道のずれ.

（菅森義晃）

【コラム 7】 地球の内部構造

　地球の内部はどのようになっているのでしょうか？地球内部の物質や状態は、地球内部を伝わる地震波の研究、隕石や捕獲岩（コラム5）等の岩石の研究、地球内部を再現する高温高圧実験等から推定されています。地球の内部は主に2つの観点（化学的区分および力学的区分）で区分されることが代表的なので、ここでは地球内部の化学的区分および力学的区分について簡単に紹介します（図2-9）。

【化学的区分】
　化学的区分は物質の違いによる分け方で、大きく三層に分けることができ、よくニワトリのたまごにたとえられます。たまごの殻にあたる部分が地殻、白身がマントル、黄身が核です。地殻は固体の岩石で、花崗岩質の岩石で代表される大陸地殻（おおよそ30～60 kmの厚さ）と主に玄武岩質の岩石でできている海洋地殻（5～7 km程度の厚さ）に分けられます。マントルは上部マントルと下部マントルに大きく区分されます。上部マントルは固体のかんらん岩で代表され、かんらん石（宝石として扱われたものが8月の誕生石のペリドット）という緑色の鉱物が多く含まれています。下部マントルはかんらん岩がより緻密な構造になった岩石からできています。核は主に鉄でできており、外核と内核に分かれます。外核は鉄以外にニッケルなどの金属、硫黄や酸素などの元素も含み、地球の中心にある内核は鉄と少しのニッケルからなります。

【力学的区分】
　力学的区分は物性による分け方です。地球の中心は高温なのに対し、地表は宇宙空間に大気圏を介して接しているため低温です。地表付近でカチカチに冷やされて硬くなった岩石の部分を、リソスフェアといいます。リソスフェアの厚さは平均100 kmほどで、地殻とマントルの最上部を含みます。リソスフェアは一枚岩ではなく、何枚かに分かれていて、それら一枚一枚をプレートといいます。さらに上部が主に大陸地殻からなっているプレートは大陸プレート、海洋地殻からなっているプレートは海洋プレートと呼ばれます。リソスフェアの下には、岩石が少し柔らかくなっている部分があり、アセノスフェアと呼ばれます。アセノスフェアの下は、少し硬い部分で、メソスフェアと呼ばれています。「プレートが動く」とか、「地下のマントルが対流する」などと聞くと、マントルが融けているイメージを持たれるかもしれませんが、地球内部の熱の放出のため、何千万年、何億年という長い時間をかけて、固体の岩石が流動することで対流していることが知られています。柔らかいアセノスフェアの上を硬いプレートが移動することで、地表の大地形、地震や火山の発生、造山運動を説明する考え方をプレートテクトニクスと呼んでいます。
　メソスフェアの下の外核は液体で、液体の鉄が対流することで生じる電流が地球の磁場のもとになっています。外核の下にある内核は固体です。46億年前の地球誕生時からしばらくは、地球の温度は今より高温だったので、核は全て液体だったと考えられています。その後、地球が冷えていくことで、内核が固体となっていきました。地球の内部のことをもっと知りたい方は、「宇宙地球　地震と火山」（古今書院）のような地球科学の教科書や新書を手に取ってご覧ください。

（桑原希世子）

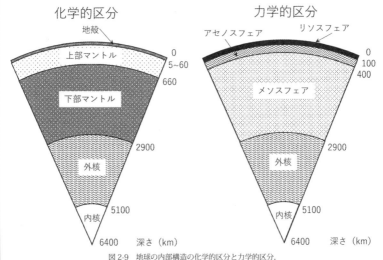

化学的区分

地殻
上部マントル ... 0
5~60
660
下部マントル
2900
外核
5100
内核
6400　深さ（km）

力学的区分

アセノスフェア　リソスフェア
0
100
400
メソスフェア
2900
外核
5100
内核
6400　深さ（km）

図 2-9　地球の内部構造の化学的区分と力学的区分.

【マントルの岩石に触れられる場所】

　私たちは地殻の上で生活しており、地殻を構成する岩石を目にする機会は非常に多いです。では、地殻の下にあるマントルを構成するかんらん岩はどうでしょうか。人類は、穴を掘ってマントルに到達したこともマントルにあるかんらん岩を直接採取したこともありません。したがって、月に行って、月の石を採取するよりも、かんらん岩を直接マントルから採取することは難しいようです。しかし、何かのきっかけで、かんらん岩が地表に上がってくることがあります。そのため、私たちはかんらん岩を観察・分析し、その結果からマントルがどのようになっているかを知ることができます。ただし、かんらん岩の多くは地表に上がってくるまでにかんらん石が水と反応して蛇紋石となり、かんらん岩が蛇紋岩と呼ばれる黒っぽい岩石になってしまっています。

　では、どこでマントルの岩石を見ることができるでしょうか。プレートが沈み込んでできた地質体が多い日本列島には蛇紋岩やかんらん岩が露出しているところがよくあります。山陰海岸ジオパークでも豊岡市但東町で蛇紋岩を見ることができます。山陰海岸ジオパーク周辺では、鳥取県東部の若桜町や鳥取県西部の日南町、兵庫県養父市、福井県おおい町（写真 2-3）等で見ることができ、それらの岩石を見学する巡検を「地底旅行」と呼ぶ研究者もいます。また、世界ジオパークであるアポイ岳ジオパーク（北海道様似町）では蛇紋岩になっていないかんらん岩と高山植物を見ることができます。ぜひ訪れてみてください。
（菅森義晃）

写真 2-3　大島半島の層状を呈するかんらん岩（福井県おおい町）.

2-4. 鹿野城の土台の岩石：火成作用とプレートテクトニクス

　末用にあった水路から、北西に移動すれば、鹿野の城下町に出ます。城下町の南には鹿野城天守台跡のある山があります（図2-10）。この山の麓には、花崗岩が露出しています（図2-10）。花崗岩は主に石英、カリ長石、斜長石、黒雲母および鉄鉱物からできており、これらの鉱物の大きさは比較的そろっています。このような岩石の組織を「等粒状組織」と呼んでいます。このような組織は花崗岩がマグマの状態から地下深くでゆっくりと冷えて固まってできたことを物語っています。

　鹿野城天守台跡のある山の頂上には、火山灰や火山岩の破片などが堆積してできた火山砕屑岩が露出しています（図2-10）。花崗岩や火山砕屑岩があるということは、鹿野町周辺で火成活動がかつて起こっていたということになります。では、どのようにして火成活動が起こるのでしょうか。

　日本列島に多く分布している火山は、海洋プレートが大陸プレートの下に沈み込むことによってできたものです（図2-11）。プレートは岩石の違いにより地殻とその下のマントルに分けられているとここでは表現しておきます（コラム7）。海洋プレートは、基本的には水平移動し、その間にプレートを構成する岩石の一部である鉱物と水が反応して、水を含んだ鉱物になります。この鉱物は高温の状態になると水を放出しやすくなる性質を持っています。やがて、海洋プレートは大陸プレートの下に沈み込みます。沈み込んだ海洋プレートは、深くなるとともに温度も高くなっていき、ある深さ（温度）になると、沈み込んだプレート中の水を含んだ鉱物からその上のマントルに水が放出されます。このマントルの岩石が水と反応すると、岩石の融点が部分的に下がることが知られています。この深さの温度が融点を上回っていれば、岩石の一部が融けることになるのです。

　こうして融けた部分がマグマとなります。マグマは液体を主体とするために周囲の岩石よりも密度が小さくなるため、上昇し（この間、様々な要因でマグマの化学組成が変化することがよくあります）、地表で噴出します。先ほど紹介した、鹿野城天守台跡のある山の麓にある花崗岩はマグマが地表に出られずに地下でゆっくり冷えて固まったもので、鹿

野城天守台跡のある山の頂上や鹿野街道の周辺にある火山砕屑岩はマグマが地表にまで到達し、噴火してできたものと捉えられます。

　ここで紹介した鹿野城周辺にある花崗岩や火山砕屑岩は鳥取東部地域にも広く分布していて、日本海が形成される前の今から 3,300 万年前あたりに形成されました。同様の年代の花崗岩と火山砕屑岩は山口県から島根県を経て鳥取県東部まで断続的に分布しており、当時の火成活動の範囲の広さがうかがえます。

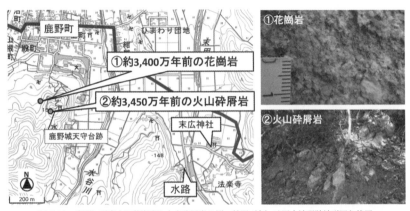

図 2-10　鹿野に露出する花崗岩と火山砕屑岩の例. 基図（左）は国土地理院地形図を使用.

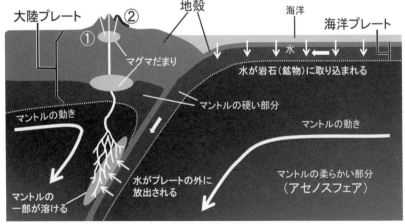

図 2-11　プレートの沈み込みによってマグマが生成される仕組みの模式図. ①が花崗岩できる場所、②が火山砕屑岩ができる場所の例.

（菅森義晃・末松　歩・竹田怜那）

自然と神話と私たちをつなぐ地球の物語　39

2-5. まとめ

　活断層と鹿野往来には深い関係があることをこの章で紹介しました。このような関係は鹿野往来に限ったことではなく、他の地域にも見ることができます。例えば、福井県小浜市から京都府京都市に至る若狭街道（鯖街道）の大部分は花折断層や熊川断層と呼ばれる活断層の上に発達しています。このように活断層の上には街道が発達することがよくあり、人々は活断層地形を利用して町から町へと移動していたと言っても過言ではないかもしれません（もちろん活断層がないところにも街道はあります）。ちなみに現代も活断層が作った地形に沿って道路が作られているケースはよく見られます。

　山陰海岸ジオパークには 1900 年代に動いた活断層が鳥取市と京丹後市にあり、その痕跡（一部では震災遺構も）がきちんと保全されています。そして、保全されているからこそ、現在でも当地を訪れれば、断層が動いた方向を目にすることや地震の被害を知ることができます。山陰海岸ジオパークの西端付近の鹿野断層と同じく東端付近の郷村断層は共役断層の関係を示していて、距離が離れている分、私たちが生活する大地の地下に働く大きな力を感じさせることができます。

　このような大きな力はプレートテクトニクスによるものと現在では説明されています。本章で紹介したように、このプレートテクトニクスの考え方は地震活動だけでなく、火山活動を考える上でも重要です。鳥取市西部には本章で紹介した約 3,300 万年前の花崗岩や火山砕屑岩だけでなく、1 章で紹介した約 1,800 万年前の火山岩、3 章で紹介するおよそ 800 万年前〜現在の火山岩や火山砕屑岩が主に分布しています。それらは神話や伝説の舞台になったり、人々の豊かな生活の基盤ともなっています。

　我々が生活する大地はプレートテクトニクス等で説明される大地の変動の影響を色濃く受けています。当然ながら地震や火山による災害も生じます。地域の歴史から大地の変動を読み取ることは、今後起こるであろう災害や恩恵と私たちがどのように向かい合うべきかを考えるきっかけとなってくれます。

（菅森義晃）

3. 地球科学で読み解く鹿野町・気高町の4つの谷
～河内川を通して人々の暮らしを支える地球の営みをのぞく～

（菅森義晃・小玉芳敬・安藤和也・金山恭子）

　鳥取市西部の鹿野町から気高町には南北方向に連なる、4つの谷（3つの大きな谷と1つの小さな谷）が東西に並んでいます（上の写真に写っている谷は大きな谷の1つである勝谷です）。これらの谷は近接するにも関わらず、農産物や土地利用という視点でみると、それぞれの場所で私たちの暮らしに違いが生じています。

　このような違いができた背景を理解する鍵は、これらの谷が河川の侵食によって形成されたので、河川が握っていそうです。河川は大地を侵食するだけでなく、砂浜海岸や砂丘（1-4 および 1-5 を参照）の材料である砂や礫等の砕屑物を海に供給する役割を果たしています。このような営みを通して、河川は様々な環境を生み出しており、生物や私たちの暮らしにも大きく関わっています。

　本章では4つの谷に生じた違いを、河川を核として、地球科学的な視点から読み解いていきます。ここでは過去から現在にわたる様々な現象の上に成り立っている地域の環境を知ることができるでしょう。

（菅森義晃）

3-1. 風化による砕屑物の生成

　鹿野街道のジオストーリーの最後で花崗岩を紹介しました。花崗岩は山陰海岸ジオパークの見所の１つである鳥取県岩美町の浦富海岸（写真 3-1）の崖を構成していたり、鳥取城の石垣にも使われていたりするように、かたい岩石です。しかし、前章で紹介した鹿野町のとある露頭の花崗岩にさわると、ボロボロと岩石を構成していた鉱物が崩れていきます（図 3-1）。どうやってかたい花崗岩はボロボロになっていく、つまり風化していくのでしょうか？ここではその一例を紹介します。

　花崗岩は大きさが比較的そろった石英、カリ長石、斜長石、黒雲母および鉄鉱物から主にできていましたね。説明を簡単にするために、ここではカリ長石に焦点を当てて説明していきます（コラム 8）。カリ長石は酸性の水によって分解される性質を持っています。雨水は大気中の二酸化炭素を溶かし込んでいるので弱酸性を示します。そのため、ある程度の期間、雨水にさらされると、カリ長石を構成するケイ素やカリウムが雨水に溶けて抜けてしまい、その結果、粘土鉱物ができます。このようにカリ長石が分解されると花崗岩を構成していた他の鉱物との結びつきが弱くなり、岩石自身がぽろぽろと崩れやすくなります。なお、斜長石や黒雲母も雨水によって分解されます。

　以上のように化学的な作用によって岩石が風化していくことを「化学的風化作用」と言います。一般的に化学的風化作用は温暖湿潤な環境でより進むとされ、こ
のような環境下で化
学的風化作用がどん
どん進んでいくと石
英等の化学的に分解
されにくい鉱物だけ
が残されることにな
ります。1 章（1-3
および 1-4）で紹介
した乾湿風化作用と
塩類風化作用は「物

写真 3-1　岩美町の浦富海岸で見られる花崗岩の露頭.

理的風化作用」にまとめられます。化学的風化作用も物理的風化作用も一般的な現象で、岩石が織りなす風景は様々な要因・作用で岩石がボロボロになっていくことを語っていると言っても過言ではありません。

さて、岩石がボロボロになり、鉱物は砕屑物となって露頭の周囲に堆積しています（図3-1）。あるものは雨水によって分解がさらに進んでいき、あるものは流水の働きによって下流へと運ばれていきます。　　（菅森義晃）

図 3-1　風化が進んだ花崗岩の露頭（鳥取市鹿野町）.

【コラム 8】カリ長石の分解の詳細と資源

カリ長石は一般的に $KAlSi_3O_8$ という化学組成を持っています。このカリ長石の雨水による分解は以下のような化学式で表されます。

$$2KAlSi_3O_8 + 2H_2O + CO_2 \rightarrow Al_2Si_2O_5(OH)_4 + K_2CO_3 + 4SiO_2$$

K_2CO_3 と SiO_2 はここでは水に溶けて取り除かれてしまうので、$Al_2Si_2O_5(OH)_4$ のみが残ります。これはカオリンという粘土鉱物の化学式です。カオリンは陶磁器の素材や化粧品等に使われます。熱帯等の高温多湿な環境でさらに化学的風化が進むと、下記のような反応が生じます。

$$Al_2Si_2O_5(OH)_4 + H_2O \rightarrow 2Al(OH)_3 + 2SiO_2$$

$Al(OH)_3$ は水酸化アルミニウムで、ボーキサイトという岩石（鉱石）を構成する鉱物です。ボーキサイトはアルミニウムの原料として知られています。風化が進むことで、雨水に分解されにくい物質が残ります。このような物質は、資源として有用なものがあり、これが多量にあると、鉱床として採掘されます。風化によって形成された鉱床は「風化残留鉱床」と呼ばれています。

以上のように風化で形成された物質には我々の生活と身近な物質も多く存在しています。我々が使う物品がどのような材料で作られ、どのように作られるのかを調べてみると、地球の営みと私たちの暮らしとの関係に気づく 1 つのきっかけとなるでしょう。　　　　　　　　　　　　　　　（菅森義晃）

3-2. 河川地形のいろは

　鹿野町を流れる河内川中流の河床を見てみましょう。そこには砂礫が堆積して川原（砂礫堆）を作っているのが見えます（写真 3-2）。このように礫が河床に堆積している河川を石川（礫床河川や砂礫床河川）と呼びます。ここでは河川のお話をしていきましょう。

　主に湿潤温帯に位置する日本においては、規模の大小はありますが、ほとんどの地域で川は流れています。大雨の時には、水かさが増して茶色の濁流が堤防間を満たし、時には河岸が決壊し、破堤して洪水災害を招くこともあります。いっぽう渇水期であっても、山にたまった地下水から水が供給されるため多くの川には清流がたえず流れています。川は水を流すのみならず、出水（洪水）時に多量の土砂を運び、地形を変化させる力を持っています。

　一般的に河川は、海へたどり着くまでに上流から下流に向かって、岩盤が河床や河岸に露出する岩川（岩盤侵食河川・岩盤河川）、石川、主に砂が河床にある砂川（砂床河川）、そして主に泥が河床や河岸にある泥川（泥床河川）へと変化します（図 3-2）。岩川は山間地を流れる河川です。一方、石川、砂川および泥川は扇状地から下流の平野を流れる河川であり、河川が自ら運搬してきた砂礫や泥で河道が形成されています。

　これらの河川は、泥川として海に注ぐもの（例：佐賀県の六角川）だけではありません。石川のまま海に流れ出るもの（例：富山県の黒部川）や砂川のまま海にたどり着くもの（例：北海道の石狩川）があります。砂川ではしばしば河道が "自由気まま" にくねくねと曲がった自由蛇行河川がみられます。ちなみに鳥取県東部を流れる千代川や後述する河内川は、石川から砂川に変わってすぐのところで日本海に流れ出ます。

　石川、砂川および泥川の河床の堆積物が下流ほど細かい砕屑物でできていることは以下のように説明されます。川原は増水や渇水を繰り返すことで乾湿を繰り返し、渇水期に直射日光を浴びることで温度変化も激しい上、微生物の活動も盛んです。そのため川原は、砂礫にとって風化が進みやすい環境です。風化により強度が低下した砂礫は出水で運搬される時、容易に破砕・摩耗され、細粒化していくことが予想されます。細粒化の結果、砂礫が泥になってしまうと濁り水として、浮遊しながら

写真 3-2 河内川中流の様子．砂礫が河床に堆積してできた川原（砂礫堆）．

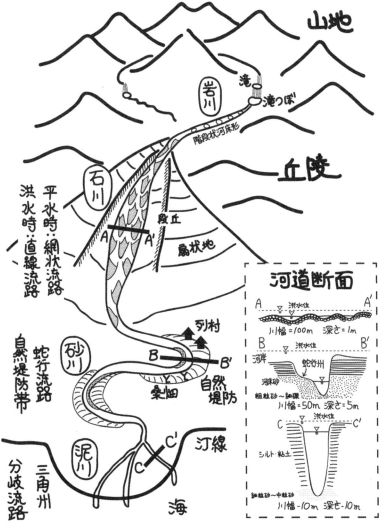

図 3-2 河川の模式図．扇状地〜自然堤防帯〜三角州をまとめたものを沖積平野と呼んでいます．

一気に海まで流れ出てしまいます。つまり河床を流れる砂礫の量が下流ほど減少することになります。

　石川、砂川および泥川は、河床勾配に違いがあります。河床勾配は川に沿った2つの地点の間の高度差をその間の水平距離で除したもので、この値が大きいほど急であることを意味しています（角度が1度の場合、その勾配は1.75/100）。石川の代表勾配は1/100、砂川のそれは1/1,000、泥川のそれは1/10,000です。つまり、下流の河川ほど河床勾配が緩くなるとともに河床を構成する砂礫が小さく、かつ河床を流れる砂礫の量も少なくなっていくと考えられます。

　次に上流側で石川から岩川へと変わる区間の河床勾配について見てみましょう。まず勾配1/14（傾斜角約4度）を境にして河床の形態が変化します。勾配1/14以下では砂礫が多量に移動して川原が形成される「砂礫堆河床形」の石川、勾配1/14以上では大きな礫がアーチ状に河床に並んで段差（ステップ）を形成し、アーチの下流側が淵となる「階段状河床形」が観察され、ここは岩盤が河床に散見され岩川となります。さらに勾配1/10（傾斜角約6度）以上では岩盤が広く露出した滝と滝壺が連続（シュート・アンド・プール）する景観の岩川となります。

　最後に河川を流れる土砂礫の生産場所である山地斜面周辺を見てみましょう。山の斜面では大雨の時などに崖崩れが発生し、崩れた土砂が崖の麓に堆積して、32-35度（安息角）の傾斜の「崖錐」と呼ばれる地形ができます。崖錐では落石のほかに、乾燥した岩屑が集団で流れ下る「乾燥岩屑流」が発生します。大雨が降ると、崖錐から水を含んだ土砂の流れである「湿潤岩屑流」つまり土石流が発生し、「沖積錐」と呼ばれる地形を作ります。土石流は多様な流れであるために、沖積錐の勾配は22度から11度の範囲をとります。この区間に流水が流れると、沖積錐を溝状に侵食してガリー（雨裂）と呼ばれる地形が発達します。侵食途中にあるガリーではシュート・アンド・プールの河床形が発達し、最終的にはガリーの勾配は6度以下と緩くなり、ここが谷底平野（後述）から沖積平野（図3-2）を流れる河川の始まりとなります。

　以上のように、土砂礫の流れ方に応じて勾配が決まり、地形が形づくられています。河川の景観は、河床勾配に強く支配されているのです。

（小玉芳敬）

【コラム 9】気高海岸の海岸侵食と砂の供給源

　鳥取市の西部に位置する気高・浜村の海岸（以下、気高海岸）は、長さ約6 km の外洋に面した美しい砂浜海岸です（図 3-3）。気高海岸では全国的にも珍しかった砂浜を走るマラソン大会（浜村温泉海岸なぎさマラソン全国大会、1989 年〜 2000 年）が行われていましたが、2000 年の大会を最後に中止となりました。これは 1969 年〜 2003 年にかけて海岸侵食により、汀線（海岸線）が最大で 50 m 後退し、砂浜の奥行きが減少したことに起因しています。砂浜が減少した原因は何でしょうか。気高海岸の砂がどこから来たのかを調べることで、海岸侵食の原因に迫ってみました。

　気高海岸と白兎海岸の浅海底に発達する沿岸砂州（図 1-10）の平面形状や規模の変遷を空中写真や衛星写真より明らかにし、ゴムボートを用いた浅海底の縦断測量と併せて沿岸砂州の体積の変遷を推定しました。気高海岸では1968 年と 1973 年には 3 列の大規模な沿岸砂州が認められました（図 3-3）。一方、白兎海岸の沿岸砂州は小規模で、1973 年に大きな沿岸砂州が現われましたが、その影響は気高海岸には及んでいません。沿岸砂州の体積変化をみる

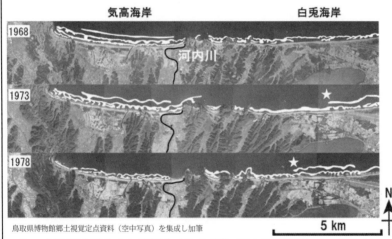

図 3-3　気高海岸と白兎海岸における沿岸砂州の変遷. 白兎海岸の星印は、沖側沿岸砂州の西への移動を示す.

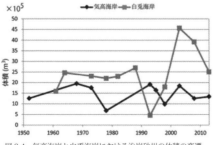

図 3-4　気高海岸と白兎海岸における沿岸砂州の体積の変遷.

と（図3-4）、1998年と2004年に千代川で発生した大規模出水の影響を受けて、白兎海岸では2000年代に沿岸砂州の体積が急増したことが読み取れます。一方、気高海岸のそれは100万〜200万m³でほぼ安定しており、千代川の大規模出水の影響をあまり受けていないことがわかります。

次に、気高海岸から小沢見海岸までの海浜砂や、河内川および支流の河床にある砂を採取して（図3-5）、偏光顕微鏡下で鉱物を判定することで、砂の鉱物組成を求めました。鉱物組成は粒径に強く依存するため、気高海岸の卓越粒径である中粒砂（径0.25〜0.5mm）（図3-6）をそれぞれの試料から篩いで分取して、各試料について500粒を測定しました。中粒砂は水中を浮遊して運ばれうる最大の粒径であり、底面を転がって移動する粗粒砂以上の粗い砂礫と比べ粒子の移動速度が速いので、流域の上流部で土砂崩れ等が生じても、中粒砂の分布は比較的短時間で平衡状態に達すると予想されます。そのため、鉱物組成の比較により供給源を推定する後背地解析には有用な砂の大きさといえます。

得られた結果から、石英と長石の構成比率に注目して、気高海岸の砂に対する河内川と千代川の寄与率を求めてみたところ（図3-7）、河内川：千代川＝86%：14%となり、沿岸砂州から推定した結果と調和的でした。同様の手法で、河内川、水谷川および末用川の寄与率を算出したところ、河内川：水谷川：末用川＝48%：23%：15%となり、気高海岸の砂のおよそ半分が河内川上流からもたらされていると推察されました。最後に河内川最上流部で同様に調べたところ、鷲峰山南麓を流れる沢からの供給量が圧倒的に多いことが示唆されました（図3-8）。

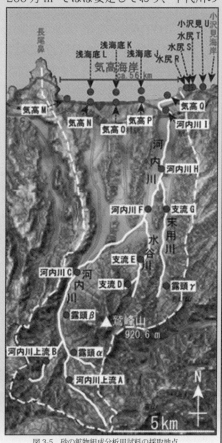

図3-5　砂の鉱物組成分析用試料の採取地点.
カシミール3Dスーパー地形に加筆.

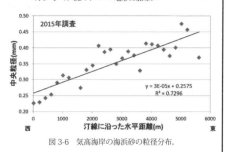

図3-6　気高海岸の海浜砂の粒径分布.

この沢には1983年3月に竣工された大型の砂防堰堤（さぼうえんてい）が設置されています。砂防堰堤は土砂を少しずつ流出させる役割があり、下流つまり海への土砂の供給量が少なくなることが予想されます。したがって、この砂防堰堤による砂等の土砂の捕捉（ほそく）が強く影響したために気高海岸への砂の供給が減り、その結果、気高海岸の侵食が生じた可能性が高いと考えられます。

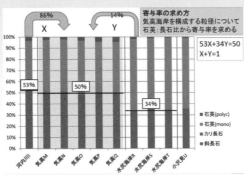

図3-7　気高海岸への砂供給寄与率の求め方.

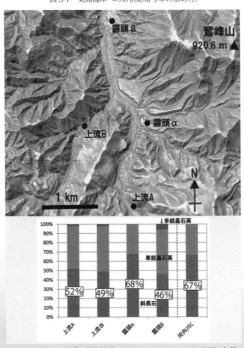

図3-8　河内川上流域の鉱物組成. カシミール3Dスーパー地形に加筆.

（小玉芳敬・岩淵博之・宮脇隼輔）

3-3. 隣り合った 3 つの大きな谷での人々の生活

　鳥取市西部の鹿野町から気高町にかけて、南北に連なる細長い山地とそれら山地の間にある 3 つの細長い大きな谷が東西に並んでいます。これらの谷は谷底に平野（谷底平野）を持ち、東から①瑞穂・宝木谷、②勝谷、③逢坂谷と呼ばれています（図 3-9）。これらの谷はどのようにして出来たのでしょうか。それぞれの谷を東から順に見てみましょう。

（1）3 つの谷の特徴

① 瑞穂・宝木谷

　瑞穂・宝木谷は谷幅が広く、水田地帯が広がっており（写真 3-3）、3 つの谷の中の河川では最も大きい河内川が流れています。河内川は長さ（流路延長）が約 20 km あり、地元ではゴーロと呼ばれている鹿野町で最も高い標高 1,136 m の山を水源としています。

　河内川の河口付近では、砂丘が発達しています（宝木砂丘）。この砂丘のために、河内川の流路は東に大きく湾曲しています。砂丘の南側には後背湿地が存在し、現在は水田として利用されています。

　海岸では砂浜が見られます。この砂浜の砂の多くは河内川からもたらされたと推定され（コラム 9）、砂浜から風で飛ばされた砂が上記の砂丘を形作っています。ところで、県内の砂浜海岸では波浪の侵食作用で軽い鉱物が除去され、重い砂鉄が残留することで砂鉄層が形成されており、その砂鉄が採取され利用されてきました。ここでも、宝木鉱山として砂鉄が採取されました。現在の宝木駅の近くに精錬所があったそうです。

②勝谷

　勝谷も瑞穂・宝木谷と同様に河口周辺では砂丘（浜村砂丘）が発達し、その後背湿地では水田が広がっています（写真 3-4）。砂丘の一部はヤサホー

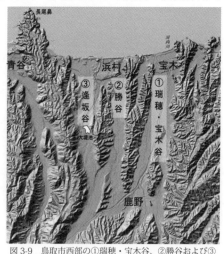

図 3-9 鳥取市西部の①瑞穂・宝木谷、②勝谷および③逢坂谷の位置（陰影起伏図〔国土地理院〕に加筆）.

写真3-3　瑞穂・宝木谷に広がる水田.

写真3-4　勝谷の起伏の大きな砂丘とその後背地の水田.

パークとして整備されています。後背湿地では、今でも大雨の時に道路が冠水することがあります。この湿地で白鷺が傷を癒やしていたことから、勝見温泉（姫石温泉ともいう）が見つかったと伝えられています。その後、大正年間に鈴木甚平が温泉を掘り当て、現在の浜村温泉が成立しました。ここに白鷺が来るような後背湿地がなければ、温泉が見つからなかったかもしれませんね。

さて、勝谷と瑞穂・宝木谷との違いは、流れる河川（浜村川：長さ約8 km）の規模が河内川より小さいことです。谷幅については、瑞穂・宝木谷よりもやや狭いといった程度ですが、現在その谷を流れる浜村川が侵食して作ったにしては不釣り合いな気がします。

③ 逢坂谷

逢坂谷を南北に走る県道を南に向かって進むと、階段を上がっていくように標高が高くなって行くのがわかります。これらの階段状の地形は河成段丘です（写真3-5）。河成段丘は、谷底平野や沖積平野を流れる河川は何かの原因で川底が深くなるように侵食（下刻）が進み、元々は平野を作っていた平らな地形（平野面）が高い位置に取り残され、洪水時にも水をかぶらなくなった平野面（段丘面）からなる地形です。一般的には、丸い礫を含むかつての川の堆積物が段丘面を構成しています。しかし、逢坂谷では段丘を構成する川の堆積物が地下6〜7mにあり、その上を黄砂等の風成塵や火山灰・軽石層が覆っています（写真3-6）。これらは風によって遠距離を運搬されて降り積もった地層（以下、"降り積もった地層"）です。この中には約6万年前に大山が大噴火を起こしたときの軽石層（大山倉吉軽石層、以下DKP）が厚さ2.75 mで挟まれ、また約2.8万年前に鹿児島湾から噴出して飛来した火山灰（姶良丹沢火

写真3-5 逢坂谷の河成段丘がつくる崖.

写真3-6 DKP等の露頭（手前）.

山灰）も含まれています。広範囲に降り積もった火山灰層は「広域テフラ」と呼ばれ、地層の年代決定に有用です。これらの"降り積もった地層"の頂部には、しばしば黒ボク層が認められます（コラム10）。火山灰層に植物が茂り、枯れた植物は分解されて腐食となり、長い年月をかけて黒ボク土が形成されます。黒ボクは水はけが良いために、畑として利用されます。そのために他の谷と比べ、逢坂谷には畑景観が広がっています（写真3-7）。これらの畑で作られた色々な作物は、地元の小中学校の学校給食の食材として利用されています。

さらに、他の谷には見られない特徴として、ため池の存在もあります。逢坂谷には、永江川（長さ約5 km）という小さな河川が流れていますが、もともとこの谷は水の便が悪く、稲作には適さない地域でした。そこで、1600年頃にこの

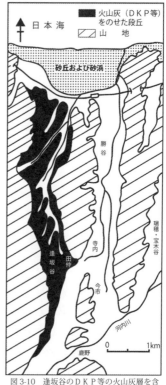

図3-10 逢坂谷のDKP等の火山灰層を含む段丘の分布（新修気高町誌より作成）.

地を治めていた亀井茲矩は新田開発を行い、逢坂谷にため池を作りました。それが大堤池です（図3-9）。現在も、この池は下流の地域の水田に水を引く農業用ため池として利用されています。また、池を乾かして、池にたまった土やゴミを取り除くために、毎年水抜きが行われています。

写真 3-7　逢坂谷の段丘面上に広がる大豆畑.　　写真 3-8　大堤池の「うぐい突き」の様子.

その時に、底のない樽形になるように竹で編んで作られた籠（「うぐい」
と呼ばれています）を池の底に突き立てて、籠の中に入った魚を捕まえ
る「うぐい突き」という漁が行われています（写真 3-8）。

（2）河内川の河川転流による谷の形成

　ここで 3 つの大きな谷の特徴をまとめましょう。瑞穂・宝木谷は河
内川が流れ、広い谷幅を持ち、水田地帯が広がっていました。勝谷は水
田が広がりますが、河内川のような大きな河川はありません。逢坂谷は
河成段丘がよく見られ、DKP 等の "降り積もった地層" や黒ぼく層があ
り、水の便が悪いという特徴が見られました。これらの 3 つの大きな
谷は、隣り合っているのに異なる特徴を持っています。なぜ、このよう
な違いが生まれたのでしょうか。

　瑞穂・宝木谷は、河内川が流れており、河内川の侵食によって 3 つ
の大きな谷の中では最も広い幅の谷が形成されたのでしょう。他方、逢
坂谷を流れる永江川と勝谷を流れる浜村川は、長さがそれぞれ約 5 km
と約 8 km ほどの小さな河川です。逢坂谷と勝谷の谷幅はこれらの河川
が侵食して作った谷にしては広く、河川の規模と不釣り合いな感じがし
ましたね。では、逢坂谷と勝谷はどのようにして出来たのでしょうか。
逢坂谷と勝谷の南には河内川が流れており、河内川が逢坂谷や勝谷をか
つて流れ、侵食して谷を作ったと考えれば、現在の河川の規模に対して
不釣り合いな大きさの谷を持っていたとしても不思議ではありません。
意外と思われるかもしれませんが、河川が流路を変えることは頻繁に起
こっており、これまで流れていた谷とは異なる谷に流路が変わってしま
う河川争奪（河川転流）という現象も知られています（コラム 11）。

　では、いつ頃どのような流路の変遷があったのでしょうか。その謎を

【コラム10】寒い・暖かいを繰り返す地球

　黒ぼく層は温暖湿潤な時期に形成されたと紹介しました。最近では、1万年前から温暖湿潤な時期が続いており、黒ぼく層もこの間に形成されたと考えられます。一方、逢坂谷に残された"降り積もった地層"が形成された時代は、黒ぼく層の形成よりも古く、地球全体が今よりも寒い時代でした。

　地球は約80万年前以降、10万年くらいのサイクルで寒い時期（氷期）と比較的温かい時期（間氷期）を繰り返しています。およそ1万年前までの一番新しい氷期は「最終氷期」、現在は「後氷期」とよばれます（図3-11）。

　氷期には地球の広い範囲が氷で覆われました。最終氷期の最も寒い時期（約2万年前）は北米大陸のカナダにあった氷床（氷の塊）の高さが3,000mにもなったと言われています。陸上に水が氷として固定されてしまうと、海の水が減ります。その結果、氷期の海面は今より最大で120mくらい低くなったと考えられています。海面が低かったので、海岸線の位置は現在よりも沖にありました。山陰地方も例外ではなく、氷期の海岸線は今よりずっと北にあり、隠岐諸島と陸続きの時期もあったのです（図3-12）。

　現在の日本海には対馬海峡を通って対馬暖流が流入し、冬季には大陸から吹く冷たく乾いた季節風が暖かい日本海から水蒸気を得て雪雲をつくり、日本海側で豪雪となります。お陰で日本列島は同じ緯度にある他の地域より温暖で豊富な水資源があるのです。一方、最終氷期には、海面低下で対馬海峡が狭くなり、日本海は閉鎖的な海域になりました。暖流が流入しない冷たい日本海では、当時の海洋生物にも影響があったとともに、日本海から大気への蒸発が少なくなったため、大陸からの冷たく乾いた風がそのままやってきて、日本列島は草原や針葉樹林が広がる冷涼で乾燥した場所でした（図3-12）。

　最終氷期が終わり、氷床が融けて海面が上昇し、対馬暖流が本格的に日本海に流入するようになると、日本列島は再び温暖・湿潤になりました。このような気候の下で、最終氷期に堆積した火山灰主体の風成層の上に植物が繁茂し、植物の有機物と風化した火山

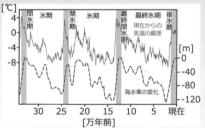

図3-11　過去34万年間の気温と海水準の変化. 山陰海岸ジオパーク海と大地の自然館ニュースレター「ジオフィールドVol.17」より.

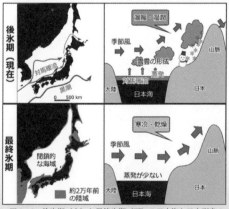

図3-12　後氷期（上）と最終氷期（下）の日本海と日本列島の環境（蒲生俊敬、2016「日本海　その深層で起こっていること」講談社、208pを参考に作図）.

解く一つの鍵は、逢坂谷に見られる"降り積もった地層"の存在です。例えば、約6万年前に大山の噴火によって堆積したDKPは、偏西風に乗って東に運ばれ、火山灰や軽石が辺り一面を覆い、勝谷や瑞穂・宝木谷にも堆積したはずです。しかし、これら2つの谷にはDKPをはじめとする"降り積もった地層"の存在が認められません。このことは河内川や河内川の支流である水谷川・末用川がこの地層を侵食したことを物語っています。

　これらのことに基づいて、河内川の流路変遷を以下のようにまとめます。逢坂谷を流れ、同谷の河成段丘を作っていたであろう河内川は、"降り積もった地層"が堆積する前には、すでに逢坂谷の田仲と勝谷の寺内間を流れ、勝谷を形成しました。そして、"降り積もった地層"が堆積した後に、鹿野町今市付近に流路を変えて現在の勝谷を形成したと考えられます。その後、河内川は瑞穂・宝木谷に転流し、そこを流れていた水谷川や末用川の流路を奪ったと考えられます（図3-13）。もちろん、このような河内川等の流路変化は"降り積もった地層"が堆積する前に

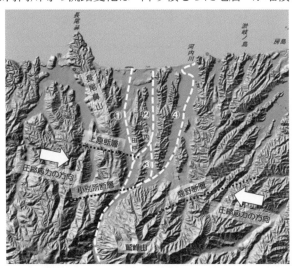

図3-13　河内川の流路変遷及び主な断層の分布と応力の方向（陰影起伏図（国土地理院）に加筆）．河内川は①→④へと流路を変えていったと考えられます（新修気高町誌より作成）．

も生じていたことでしょう。

　一般的に流路の変化は、河川の侵食力や運搬力、堆積力の変化で生じますが、地殻変動によっても生じえます。鳥取を含む西日本の地域では、共役断層の存在から、東西から北北西・東南東方向に押される力が働いていることを前章で紹介しました。この力によって横ずれだけでなく、上下方向の地盤の変化も生じています。前章で紹介した吉岡・鹿野断層以外にも、周辺では小別所断層や上原断層などが見つかっています（図3-11）。これらの断層が動いたことで、段差が生じ、つまり大地が隆起し、河内川は流路を変えていった可能性があります。

（安藤和也・菅森義晃）

【コラム11】河川争奪 × 河川転流

　「河川争奪」（図3-14）は、William Morris Davis によって提唱された地形現象です。争奪の肱（河川の流路が奪い取られ、流路が屈曲した地点）や、ここより下流にある現在流れている河川に対して不釣り合いに広い谷（風隙地形）などの特徴的な地形の組み合わせから、河川争奪は比較的容易に認定されます。その地形形成プロセスは、争奪河川（図3-14の河川C）の谷頭部が侵食を続け、ついに被争奪河川（図3-14の河川B）の水流を奪うことによって形成されたと説明されています。

　しかし、水が流れていない河川Cの谷頭部と常に水が流れている河川Bとでは、豪雨時における地形を改変する力はどちらが強いでしょうか。河川Bは、洪水が発生すると川岸を削り、流路を側方に頻繁に移動させます。一

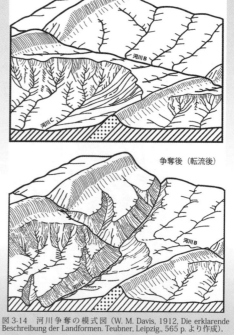

図3-14　河川争奪の模式図（W. M. Davis, 1912, Die erklarende Beschreibung der Landformen. Teubner, Leipzig., 565 p. より作成）.

方、河川Cの谷頭部では、斜面崩壊が極まれに発生します。したがって、河川Bが側方侵食し、河川Cの谷頭部に到達するチャンスの方が圧倒的に多いと予想されます。つまり「河川Bが河川Cの谷頭部に流れ込み、流路を変える」、

これが実際に起きている地形形成プロセスと考えられます。

　従来、「河川争奪」と認識されてきた地点の多くは、上記の地形形成プロセスの観点からみれば、地形改変力のより強い、つまり流域面積の大きい方の河川が暴れて、隣にあった低い谷に流れ込んだ結果の転流現象と捉えるべきです。そのため、筆者は「河川争奪」ではなく「河川転流」という名称を積極的に使っていくべきと考えています。

　河川転流の例として、湖山池に流れ込む長柄川を紹介します（図3-15 および 3-16）。古文書（五水記）によると1593年（文禄2年）8月の高麗水による洪水で、それまで吉岡温泉の方に流れていた旧長柄川が、西の谷に転流したとあります。この現象は、旧長柄川が洪水によって流路が側方に移動した結果、西側に位置した15 mほど標高の低い谷に落っこちてしまったものと理解されます。その後、転流箇所（争奪の肘）より上流側の長柄川では、西の谷とほぼ同じ標高まで侵食が進行し、穿入河道となり深さ10 m以上の谷が形成されています。　　（小玉芳敬）

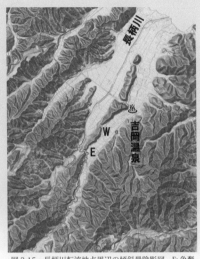

図 3-15　長柄川転流地点周辺の傾斜量陰影図。E: 争奪の肱、W: 風隙、基図：カシミール 3D スーパー地形.

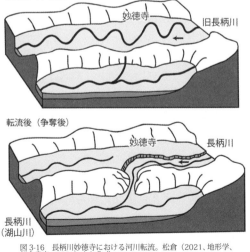

図 3-16　長柄川妙徳寺における河川転流。松倉（2021、地形学、朝倉書店、308p）より作成.

3-4. ラグーンと礫岩が育む小さな谷－日光地区－の農業と生態系

(1) 冬にだけ出現する「日光池」とコウノトリ

本章の最後に、4つめの谷－日光地区－を紹介します。日光地区は瑞穂・宝木谷と勝谷の間にあり、先ほど紹介した3つの谷に比べていくぶんと小さな谷です（図3-17）。鳥取県で唯一のコウノトリの営巣地となっていて（2021年現在）、2021年6月17日と19日、鳥取市気高町日光地区から2羽のコウノト

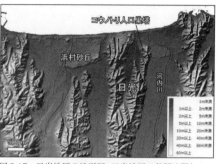

図3-17　日光地区の地形図．日光地区の谷間は概ね1m未満の低地であることが分かる．国土地理院の色別標高図を陰影起伏図に重ねて表示した地図に地名等を加筆．

リが巣立ちました（写真3-9）。国の特別天然記念物に指定されているコウノトリは、元々は日本中の湿地や里地里山に生息していた鳥ですが、乱獲や農村環境の変化等によって、1971年には日本国内の野生のコウノトリは絶滅してしまいました。近年では、兵庫県豊岡市で続けられ

写真3-9　日光に棲むコウノトリのペア（椿壽幸氏撮影）．

てきた野生復帰の取り組みによって、野生のコウノトリが山陰地方等の数か所で営巣する姿が見られるようになりました。

日光地区には2005年頃からコウノトリが時々姿を見せていましたが、2019年に電波塔に営巣しているのが発見され、日光地区在住の椿壽幸さんが翌年協力者とともに自費で人工巣塔を設置しました。現在ではコウノトリのペアがそこに定住しています。

なぜ、日光地区がコウノトリの営巣地になったのでしょうか。椿さんは、日光地区の狭い谷間と冬季だけ出現する池がポイントだと考えています（写真3-10）。日光地区では8月下旬に稲を収穫します（早場米）。その後、秋から翌年の春まで田んぼは水に満たされ、池のようになります。その間に、収穫した後の稲の株から再び穂が成長し、それを食べにコハクチョウやマガモなどの水鳥が池に飛来します。水鳥の糞などにより有機養分が

豊富になった田んぼは、昆虫やカエルなどの棲家（すみか）になります。また、用水路と田んぼの間を自由に行き来できるため、魚も生息しています。谷間を好み、田んぼや沼地の小動物を食べるコウノトリにとって日光は理想の地だったというわけです。

　冬に田んぼが池になるのには理由があります。周囲を丘陵と山地に囲まれた谷間の日光地区は、かなりの部分が海抜1ｍ未満の低湿地です。稲作期間は排水ポンプにより谷間に溜まりがちな水を海へ排出することで、農地の水の量をコントロールしていますが、稲刈り後の冬季は、海水の流入を防ぐため、海につながる水門を閉じ、ポンプによる排水も行わないため、日光地区の田んぼの大部分が水に浸かるのです。

　日光の農地はなぜ低地なのか、地形の成り立ちを考えてみましょう。日光の小さい谷が形成されたのは、海面が下がり、海岸線が北へ移動した氷期（コラム10）だと考えられます。川の上〜中流部となった気高地域では、河内川の下刻に追従（ついじゅう）して、その支流の川が大地を削り、谷が形成されました。氷期が終わり、温暖化によって海面が上昇すると、日光の谷間に海水が入り込んで入り江となりました。その後、河内川等の河川から日本

写真3-10　田園風景広がる夏の日光地区（左）と田んぼが池になった冬の日光（右）．いずれの写真にも背後に鷲峰山（標高920ｍ）が見える（コラム12）．

写真3-11　日光地区の水稲の収穫．収穫した稲を小舟で運ぶ様子（左）、砂丘で稲を干す様子（右）．

海へ流れ出た砂の一部が岬と岬の間に堆積し、入り江が塞がれてラグーン(潟湖)になりました。日光には大量の土砂をもたらす大きな河川がなく、周囲の丘陵から供給される泥によりラグーンが少しずつ埋め立てられて沼地となっていたところを、安土桃山時代と江戸時代の干拓工事により稲作ができる土地になりました。そのため、海面とほとんど同じ高さの土地なのです。

写真 3-12　日光地区の生姜穴.

さて、現在は収穫した米を機械で乾燥させますが、かつては刈り取った稲を田んぼで天日干しする必要がありました。日光では、排水設備が十分でなかった 1960 年代頃までは、田んぼで稲を乾かすことができないため、稲を小舟で近くの砂丘まで運び、干していたそうです（写真 3-11）。大変な苦労が偲ばれ

写真 3-13　日光地区で栽培される生姜.

ます。ラグーンと寄り添って営まれる人の暮らしがあるからこそ生じた、豊かな生態系がそこにはあります。

(2)　生姜穴と礫岩

　視線を池から山際へ移してみましょう。日光地区を囲む山には入口に扉がある横穴がいくつも見られます（写真 3-12）。これらは何の目的で掘られたものなのでしょうか。

　日光地区の山際では、生姜栽培が行われています（写真 3-13）。比較的日照時間が短い山裾は、生姜が好む環境です。地元では、鹿野城主の亀井公が、朱印船貿易で東南アジアから生姜を持ち帰って日光で栽培したのが始まりと伝えられています。

生姜農家の山花繁夫さんによると、横穴は、生姜を保存し熟成させるために掘られたもので、先祖代々で使われてきたそうです（写真3-12）。大きなものは奥行25 m、高さ2 m、幅1 m程度あります。穴の中は一年中適度な湿度と15 ℃程度の温度が自然の力で保たれています。

写真3-14　日光地区の杉谷神社境内に露出する礫岩（裏表紙右のカラー写真）．火山岩の礫と基質が風化により粘土化している．

11月頃に収穫した生姜は、この「生姜穴」の中で近くの砂丘から運んできた砂と交互に隙間なく重ねて約5か月熟成させます。その間に余分な水分が抜けて辛みとコクが増し、「日光生姜」が出来上がります。貯蔵中に生姜の切り口が傷んでしまった場合でも、間に砂があることで他の生姜が腐りにくいのだそうです。

生姜穴の内壁を見ると、くすんだ黄赤地に茶色、灰色、オレンジ色の丸い模様が見えます（写真3-14）。これらの丸い模様一つ一つが礫で、生姜穴が掘られている日光を囲む丘陵は、「礫岩」という岩石でできています。この礫岩は、数百万年前に中国山地の山で噴火が起こり溶岩などの噴出物が礫として土石流等によって流されて堆積したものです。礫は流されるうちに角がとれてやや丸みを帯びています。礫岩が堆積した当時は、火山岩の礫はカチカチだったでしょうが、数百万年経過した現在の礫は、風化によって粘土質に変化し、軟らかくなっています。そのため、人力で穴を掘ることができ、しかも粘土質であるために水分を保持し崩れにくく、穴の中の湿気が保たれるのでしょう。日光の生姜穴は砂丘の砂と粘土質の礫岩という地球の恵みを巧みに利用した人々の知恵なのですね。

山花さんは、先祖代々受け継がれてきた生姜づくりをもう一度活性化したいという思いから、地元の有志と2011年3月に「日光生姜生産組合」を結成、同年12月に地権者全員で日光の農地、農業を守っていこうと「農事組合法人日光農産」を設立し、日光生姜の増産と拡販に取り組みました。現在では生産量・販路ともに拡大しつつあるそうです。　　　　（金山恭子）

【コラム 12】『鷲峰山と大山の背比べ』を地球科学的に検討してみた

鷲が羽を広げたように東西に尾根が延びる鷲峰山（じゅうぼうさん）は、鳥取県鳥取市西部のシンボル的な山です。この地域には、鷲峰山（920 m）（写真 3-10）と鳥取県西部の大山（1,729 m）（写真 3-12）が背比べしたという伝説がいくつも残っています。このお話を地球科学の視点から眺めてみたいと思います。

（1）鷲峰山と大山の背比べ

全国の神様達が集う出雲の国の行事が終わった帰り道、鷲峰山と大山の神様が互いに自分の方が背が高いと言い争いになり、背比べをした結果、鷲峰山が勝ちました。負けた大山の神様は悔しがり、杓子で鷲峰山の頭をすくい取りました。これに鷲峰山の神様は大いに怒り、それに気づいた大山の神様が慌てて逃げようとした途端、杓子についていた土が落ち、鳥取市青谷町の建山になりました。さらに、鷲峰山の神様が「土はもうないのか」と怒鳴ったので、大山の神様は袖を振ってみせたところ、残っていた土がどさっと落ち北栄町の振袖山になりました（以上、山陰海岸ジオパーク散策モデルコース「勝部不動滝コース」より）。

（2）2つの山の共通点は？

背比べをした鷲峰山と大山には「火山の噴出物」でできた山という共通点があります。大山が慌てて逃げるときに落とした「建山」も火山の噴出物でできています。専門家の目で鳥取県の陰影起伏図を見てみると（図 3-18）、大山には火山に特徴的な地形が比較的

写真 3-14　（伯耆）大山（1,729 m）.

残されているのに対して、鷲峰山やその周辺の山々にはその地形はほとんど残されていません。

（3）鷲峰山周辺に大きな火山があった？

鷲峰山はそれ自体が火山ではなく、かつてその付近のどこかにあった火山の中心部から流れ出した溶岩が、長い年月の間に侵食され、現在の形になりました。鷲峰山を含む鳥取県中〜東部には、溶岩などの火山岩が広く、厚く分布しているため、かつて大きな火山（例えば大山の様な）があったか、小さな火山がたくさんあった（火山群）と考えられます。

筆者らが鷲峰山を含む鳥取県東部の鮮新世以降の火山岩の年代を調べたところ、およそ 800 万年前から 100 万年前にかけて断続的に噴火したことが分かりました（鷲峰山の火山岩は約 300 万年前）。一方、大山は約 100 万年前以降に活動を始めた火山です（Kimura et al., 2003, Island Arc, vol. 12, 22-45）。

（4）鷲峰山と大山、マグマが生まれた仕組みは同じ

日本列島はプレートが他のプレートの下に沈み込む場所にあります（図 3-19）。プレート沈み込み帯では、沈み込んだプレートから水が放出され、マントルの岩石を融けやすくするため、マグマが生まれ、火山ができます（図 2-11）。鳥取県中〜東部の鷲峰山等の山々の一部や大山は、フィリピン海プレー

大山
第四紀 安山岩・デイサイトの
溶岩・火砕岩など

鳥取県中～東部の火山岩分布域
鮮新世～第四紀 玄武岩・安山岩の
溶岩・火砕岩など

境港市　米子市　大山　倉吉市　建山　鳥取市　鷲峰山

子守神社の岩窟
鳥取市青谷町には板状節理が発達し
た溶岩が広く分布する

鷲峰山の東尾根「毛無山」の火山岩

図 3-18　鳥取県周辺の地形陰影図（上）および鳥取県中～東部の火山岩類の写真. 地形陰影図は国土地理院ウェブサイト上で国土地理院陰影起伏図に地質図を重ねて表示し、グレースケールにしている. 地質図は産総研地質調査総合センター 20 万分の 1 地質図幅「鳥取」（上村ほか、1974）、「松江及び大社」（坂本ほか、1982）、「高梁」（寺岡ほか、1996）および「姫路」（猪木ほか、1981）を使用.

トがユーラシアプレートの下に沈み込むことで発生したマグマを起源としています。

(5) 伝説を地球科学的な観点で眺めてみたら

　鷲峰山と大山は、できた時代が異なりますが、その火山を作ったマグマは、同じフィリピン海プレートの沈み込みによって生まれたものです。その意味で、2つの山は仲間同士で先輩・後輩関係にあったのですね。鷲峰山が長い年月をかけた侵食により今の形（大山より低い山）になったことが、大山が鷲峰山の頭をすくい取ったエピソードとリンクしているようで面白いです。

　もしかして、このお話には昔の人の自然に対する鋭い観察眼が反映されているのではないでしょうか？そんな想像をかき立てられました。

（金山恭子）

図 3-19　日日本周辺のプレートと活火山の分布. 気象庁ウェブサイトの図に加筆. 中国地方では、過去1万年以内に噴火した「活火山」に分類される火山は三瓶山（島根県）と阿武火山群（山口県）だけだが、1万年前より古い火山はたくさんある.

自然と神話と私たちをつなぐ地球の物語　63

【コラム 13】 貝殻節を生んだ砂地の海底

　3章で紹介したように、鳥取市気高エリアでは主に河内川により山から海へ大量の砂が供給されています。その他、鳥取市では千代川や勝部川等の水系が日本海に注いでおり、これらの河川が運搬した砂が海底に広く堆積し、これが海岸の砂浜や砂丘のもとになっています（コラム 4、9）。

　鳥取市気高町の魚見台では、東は福部砂丘、西は長尾鼻までの砂浜の海岸線を眺めることができます。そこにある石碑には山陰を代

写真 3-15　魚見台からの眺めと貝殻節の歌碑.

表する民謡「貝殻節」の歌詞が刻まれています（写真 3-15）。この歌詞からは、山から海へもたらされた大量の砂が作る大地とそこに生きた人々の生活の一コマがうかがえます。

（貝殻節一番の歌詞）
　何の因果で　貝がらこぎなろうた
　　カワイヤノー　カワイヤノー
　色は黒なる身はやせる
　　ヤサホーエイヤー　ホーエヤエーエ　ヨンヤサノサッサ
　　ヤンサノエーエ　ヨイヤサノサッサ

　民謡「貝殻節」は、もとは鳥取県の賀露、浜村、青谷、泊などで歌われていた漁師の労働歌でした。古くから、この地域では、砂地の海底に生息するイタヤガイ（地元ではホタテガイと呼ばれた）を船でジョレンを引いて獲っていました。貝を満載した小舟が帰ってくると、子どもからお年寄りまで、貝開けに追われたといいます。貝のむき身は釜茹でした後干して売買されました。江戸時代には青谷沖には各地から多くのイタヤガイ漁の船が集まり、定着者もみられました。イタヤガイは 10 年〜50 年ほどの周期で大発生し、その年は「カイガラ年」と呼ばれました。当然、貝殻の捨て場の山があちこちにあったそうですが、今ではその名残を見ることはできません。

　昭和 8 年、動力船の登場により歌われなくなっていた貝殻節が、浜村温泉PR用に発売する「浜村小唄」のレコードの B 面に収録されることで世に出ることになりました。民謡貝殻節の 2 番以降は新しく作詞されましたが、1 番は労働の苦しさがうかがえる素朴で哀愁をおびた伝統的な歌詞が採用されました。昭和 27 年朝日放送局開局 1 周年記念の「民謡コンクール」で浜村の小中学生 7 人による唄に合わせた踊りが人気投票で 1 位になったことがきっかけで、貝殻節が全国に広まることになります（新修気高町誌）。　　　　（金山恭子）

3-5. まとめ

　河内川流域やその周辺では 3,300 万年前以降の火山活動でできた多様な岩石が露出しています。それらが風化してできた砕屑物が河内川によって日本海に運ばれます。その間、河内川は河床勾配を緩くしながら、岩川〜石川〜砂川へと景観が変わっていきます。日本海まで運ばれた砕屑物の一部は砂浜を作ります。砂浜から風で飛ばされた砂は砂丘を形作ります。砂丘の後背では湿地となり、水田地帯が広がっていました。

　現在の河内川は瑞穂・宝木谷を流れていますが、かつては勝谷や逢坂谷を流れていました。瑞穂・宝木谷と勝谷では水田が広がる一方、逢坂谷ではかつての河内川が作った段丘面上に降り積もった DKP 等の " 降り積もった地層 " が河内川に侵食されることなく残りました。さらに約 1 万年前から続く温暖湿潤な環境下で黒ぼく層が形成され、黒ぼく層は畑として利用されています。

　一方、ラグーンである日光地区の日光池は、その形成プロセスにおいて、氷期に形成された谷の存在と主に河内川がもたらした砂を材料とした砂丘の発達に深い関わりがありました。人々の手が入れられた現在では、生態系ピラミッドの頂点に立つコウノトリを育む生態系が形作られています。また、古くから生姜の栽培が続けられ、その保存・熟成には砂丘の砂と火山岩礫を多く含む風化した礫岩の存在が重要でした。

　以上のように多彩な環境が河内川を核として成立していることがわかります。それぞれの環境では、多様な生物が生息しています。このことは地形や地質の多様性（ジオダイバーシティ）が生物多様性を支えていることを物語っています。

　本章を振り返ると、私たちの生活が多くの地球科学的な現象の積み重なりで成り立っているという気づきを私たちに与えてくれます。本章で紹介した河床勾配による河川の景観の移り変わりや砂丘の発達とその後背湿地での農業、畑として利用される黒ぼく層の形成等の現象は他の地域でも見られる一般的な現象です。一つ一つの一般的な現象は他の地域でも起こりうることですが、それらが複雑に積み重なることで、その土地特有の物語（ジオストーリー）になり、生物多様性とともに、私たちの生活にも彩りを与えてくれています。

（菅森義晃）

おわりに

　この本では鳥取市西部地域を地球科学で読み解く物語（ジオストーリー)を3つ紹介してきました。1章では神話と地球科学とのつながり、2章では大地の動きによってできた断層を街道として利用した人々の営み、3章では河内川を通して4つの谷の成因およびそれらの地での人々の暮らしに焦点を当てました。それぞれの地域の環境は様々な地球科学的現象が背景にあって成立していました。

　私たちが主に生活する固体地球の表面では、プレートテクトニクス等で説明される大地の動きや火山活動等によって、土地が隆起・沈降する「内的営力」とそれによって作られた地形を侵食、運搬、堆積等によって、変化させる「外的営力」が働いています。内的営力の原動力は固体地球が内部の熱を放出することに、外的営力のそれは太陽エネルギーと重力に起因します。景観はこれらの2つの営力のバランスを基盤とし形作られており、地球誕生の46億年前から現在まで様々な景観が生み出され、失われてきたことになります。ジオストーリーは、私たちが内的営力と外的営力がせめぎ合っている空間で生きていることを確認するための1つの「語り部」と捉えることもできます。

　さて、本書で紹介したジオストーリーは内的営力と外的営力という観点から、地球で生じる現象のごくごく一部を説明したものとも言えます。したがって、紙面の都合上紹介できなかった内容が多数存在しています。本書を足がかりとして、地学（地球科学）や地理の教科書および新書を開けば、紹介できなかった内容を見つけることができるかもしれません。

　また、文章を読むことだけでなく、実際に現地に足を運んで見ることも重要です。本書の舞台である山陰海岸ジオパークには多くの見所や施設（鳥取県立山陰海岸ジオパーク海と大地の自然館や鳥取砂丘ビジターセンター等）が充実し、様々な場所でガイド活動も行われています。

　日本には多くのジオパークがあり、私たちの生活と切っても切れない地球の営みをみなさんに伝えようと日々努力されているガイドさんがおられます。地球の楽しみ方の1つとして、ジオパークを訪れ、そのようなガイドさんと一緒に「人と地球の接点を探す旅」を楽しんでみてはいかがでしょうか？

（菅森義晃）

参考文献（本文中に示した文献を除く）

1. 地球科学で読み解く白兎海岸～因幡の白兎伝説の舞台裏～
赤木三郎編著（1997）「鳥取の自然をたずねて（日曜の地学 23）」築地書館、228p。
菅森義晃ほか（2015）「鳥取県東部白兎海岸淤岐ノ島と気多岬に露出する新第三系の岩相と火山岩の K-Ar 年代」日本地質学会第 122 年学術大会講演要旨、236。
小玉芳敬（2021）「ＴＶに登場した地理学者に聞く3　ブラタモリ鳥取砂丘」月刊地理、66、18-22。

2. 地球科学で読み解く鹿野往来～街道の発達と大地の動き～
Gutscher, M-A., and Lallemand, S., 1999, Birth of a major strike-slip fault in SW Japan. Terra Nova, 11, 203-209.
Iida, K. et al., 2015, Tectonic reconstruction of batholith formation based on the spatiotemporal distribution of Cretaceous-Paleogene granitic rocks in southwestern Japan. Island Arc, 24, 205-220.
Itoh, Y., et al., 2002, Active right-lateral strike-slip fault zone along the southern margin of the Japan Sea. Tectnophysics, 351, 301-314.
塩見智子ほか（2015）「鳥取県中・東部における石造鳥居の被害調査（予報）- 地震の災害遺構としての価値 -」鳥取地学会誌、19、3-9。
自然環境研究オフィス（2013）「関西地学の旅⑩　街道散歩」東方出版、157p。
菅森義晃ほか（2018）「鳥取県東部鳥取市中西部の地質：古第三系火山岩類の岩相と火山岩の放射年代」日本地質学会第125年学術大会講演要旨、229。
鳥取県教育委員会文化課編（1991）「鳥取県歴史の道調査報告書第九集　法美往来・鹿野往来」、鳥取県文化財保存協会、52p。

3. 地球科学で読み解く鹿野町・気高町の 3 つの谷と日光池
赤木三郎ほか（2000）「鳥取県の温泉」鳥取県、61p。
鹿野町誌編集委員会（1992）「鹿野町誌上巻」鹿野町、32-36。
新修気高町誌編纂委員会編（2006）「新修気高町誌」鳥取市、9-14。
鳥取県教育研修センター（1992）「気高とその周辺」鳥取県野外学習指導テキスト第 11 集、128-130。
鳥取県小学校教育研究会社会科部会監修（2002）「とっとりため池物語」鳥取県農林水産部農村整備課、27-33。
矢野孝雄ほか（2001）「2000 年鳥取県西部地震時の墓石挙動と山陰地域における大地震の震央配列」第 11 回環境地質学シンポジウム論文集、429-434。

※鳥取県立山陰海岸ジオパーク海と大地の自然館からは、ニュースレター「ジオフィールド」（https://www.pref.tottori.lg.jp/272922.htm）が毎月発行されており、様々な自然の情報が掲載されています。また、山陰海岸ジオパークのホームページ（https://sanin-geo.jp/）もぜひご覧ください。

執筆者一覧

菅森義晃

　鳥取大学農学部・講師。博士（理学）。大阪市立大学大学院修了。専門は地質学。本書の編集担当。複雑に絡み合った中生代以前の地質体と会話する能力がある。

金山恭子

　鳥取県立山陰海岸ジオパーク海と大地の自然館・学芸員補。博士（理学）。金沢大学大学院修了。専門は岩石学。1 章の元となったパンフレットの編集の主担当。偏光顕微鏡で岩石（火成岩）と会話する能力がある。

小玉芳敬

　鳥取大学農学部・教授。博士（理学）。筑波大学大学院修了。専門は地形学。河川や砂浜、砂丘と会話する能力がある。

安藤和也

　鳥取県立山陰海岸ジオパーク海と大地の自然館・総括専門員兼副館長。修士（教育学）。鳥取大学大学院修了。地学教育に熱い思いがある。

末松　歩

　2015 年度鳥取大学地域学部地域環境学科卒業生。

竹田怜那

　2015 年度鳥取大学地域学部地域環境学科卒業生。

宮脇隼輔

　鳥取県庁（2017 年度鳥取大学大学院地域学研究科修了生）。

岩淵博之

　2017 年度鳥取大学大学院地域学研究科修了生。

桑原希世子

　大阪府立大学高等教育推進機構・准教授。博士（理学）。大阪市立大学大学院修了。専門は古生物学。

　鳥取大学農学部生命環境農学科学生の杉野竜太氏と垣内日菜子氏に一部の図の作成について、ご協力いただきました。記して感謝します。

鳥取大学CoREブックレットシリーズNo.2

自然と神話と私たちをつなぐ地球の物語
〜ジオストーリーでひもとく因幡西部（鳥取市西部）の地形と地質〜

2022年3月31日　初版発行

編　著　菅　森　義　晃
発　行　今井印刷株式会社
　　　　〒683-0103　鳥取県米子市富益町8
　　　　TEL 0859-28-5551　FAX 0859-48-2058
　　　　http://www.imaibp.co.jp
発　売　今井出版
印　刷　今井印刷株式会社